中国周边地缘环境信息系统
设计、开发与制图

董卫华　杨胜天　葛岳静　周尚意　吴殿廷 等　著

科 学 出 版 社

北 京

内 容 简 介

针对中国在国际上的大国地位日益确立而周边地缘形势严峻的国际形势和国家需求，本书从地图学与地理信息系统的角度出发，对中国周边地缘环境研究进行了一些探索性工作。首先从地缘环境的基本概念出发，区分了地缘本底、关联和位势要素，介绍基于 GeoDatabase 的中国周边地缘环境信息数据库的构建；在此基础上，介绍在 .NET 平台下基于 ArcObjects 开发的中国周边地缘环境信息系统原型和操作方法；最后呈现中国周边地缘环境（主要以南亚为研究区）的系列专题图，并对中国周边地缘环境基本特征进行了解析。

本书的目标读者是从事地缘环境相关的研究人员、决策者和管理人员。

图书在版编目 (CIP) 数据

中国周边地缘环境信息系统：设计、开发与制图／董卫华等著 . —北京：科学出版社，2016.1

ISBN 978-7-03-046782-9

Ⅰ. ①中… Ⅱ. ①董… Ⅲ. ①环境管理–管理信息系统–中国②环境管理–管理信息系统–南亚 Ⅳ. ①X32

中国版本图书馆 CIP 数据核字（2015）第 307257 号

责任编辑：周 杰／责任校对：邹慧卿
责任印制：张 倩／封面设计：黄华斌 陈 敬

科学出版社 出版
北京东黄城根北街 16 号
邮政编码：100717
http://www.sciencep.com

中国科学院印刷厂印刷
科学出版社发行 各地新华书店经销

*

2016 年 1 月第 一 版 开本：720×1000 1/16
2016 年 1 月第一次印刷 印张：11 1/4
字数：300 000

定价：**118.00 元**
（如有印装质量问题，我社负责调换）

本书编写委员会

董卫华　　杨胜天　　葛岳静　　周尚意

吴殿廷　　廖　华　　蓝建航　　王雪元

前　言

近年来，随着中国的崛起，世界各国的目光都向中国聚焦。伴随着中国崛起的，还有日益复杂的周边地缘环境。目前，以美国为代表的发达国家都拥有一批智库，一直利用地理信息技术获取各国信息，开展基于地缘关系的政治、安全和经济问题研究，为其制订和实施全球和区域战略提供服务。相比之下，中国目前尚未建立国家安全导向的地缘环境分析框架，也缺少基于周边地缘环境信息数据库的周边地缘安全评估体系，难以准确把握和地缘环境要素相互作用关系和整体力量格局。因此，中国当前急需全面系统地掌握周边地缘环境信息，在地缘环境信息数据库的基础上开展周边合作与地缘环境安全情景分析、动态评估等理论与技术研究。

进入 21 世纪以来，国内学者对周边地缘环境的研究不断增多，然而地理信息系统（GIS）在地缘环境方面的研究还有待深入挖掘。

本书的研究目的并非构建周边地缘研究的理论体系，而是试图从 GIS 的角度，以当前中国周边地缘环境研究的最新成果为基础，探索能够支持当前乃至未来周边地缘研究的技术和方法。全书共分 5 个章节。

第 1 章绪论，简要介绍了本书的研究背景、地缘环境的相关概念、国内外研究现状，以及本书的章节结构。

第 2 章中国周边地缘环境信息数据库构建，中国周边地缘的定量研究离不开地缘环境信息的支持，而周边地缘环境信息具有多空间尺度、多时间尺度等特征，某些缺/少资料地区信息难以获取。为此，需要从多源渠道收集整理多元、多尺度的地缘环境信息，确立数据存储规范，构建地缘环境指标体系，建立中国周边地缘环境信息数据库，为周边地缘环境建模与评价提供数据支撑。本章介绍了中国周边地缘环境信息数据库构建技术路线、地缘环境信息数据库指标体系、地缘环境信息数据库存储规则，为周边地缘环境建模与评价提供了数据支撑。

第 3 章中国周边地缘环境信息系统开发，在中国周边地缘环境信息数据库的基础上，我们在 .NET 平台下基于 ArcObjects 进行二次开发，开发了中国周边地缘环境信息系统原型，提供中国周边地缘环境的信息浏览、数据查询，以及基于这些数据的分析、评价和可视化等功能。系统的目标用户是从事地缘环境相关研究的研究人员、决策者和管理人员。本章介绍了该系统的技术架构与实现细节、算法原理，以及简明的系统配置和功能使用说明。

第 4 章中国周边地缘环境专题制图，在地缘环境数据库的基础上，利用中国周边地缘环境信息系统的专题制图功能，结合项目的各项研究成果，我们制作了中国周边地缘环境（主要以南亚为研究区）的系列专题图，分别为中国与周边国家基本状况、中国和南亚地区经济关联度评价、中国和南亚地区跨境人口地缘安全评价、中印跨境水资源安全评价、地缘位势评价与南亚地缘环境特征，以及南亚地缘环境单元划分六大部分，力图通过系列专题地图总结课题各项研究成果、展现中国与周边（南亚）国家的地缘环境基本特征。

第 5 章是本书的总结性章节，对本书的工作进行简要总结，并进行展望。

本书的研究成果基于科技支撑项目"数字周边构建与地缘环境分析关键技术研究"的课题三"周边地缘环境信息建模与安全评估关键技术研究"（2012BAK12B03），以及环境遥感与数字城市北京市重点实验室项目（110601015），在此向项目组织、评审的各位专家表示衷心的感谢。

作　者
2015 年 8 月

目　　录

第 1 章　绪　　论

1.1　研究背景

第二次世界大战以来，和平与发展逐渐成为世界的两大主题，然而国家间的矛盾与冲突仍然存在，尤其是许多由领土主权争议引发的矛盾仍未解决（Anderson，1999）。我国为海陆复合型国家，疆域广阔、邻国众多，有 14 个国家在陆上与我国接壤，8 个国家与我国隔海相望（其中朝鲜和越南同时是陆地相邻和隔海相望的国家，如图 1-1 所示）。周边邻国的政治制度、社会经济发展水平、军事实力以及民族宗教构成等存在着巨大的差异，导致我国周边环境多样且复杂（王淑芳等，2014）。复杂的地理位置导致我国与周边国家的领土矛盾也较多：目前陆上边界问题已基本解决，但与印度和不丹的领土边界仍存争议；海上争端的问题严峻，主要包括中日东海之争、中越南海争端以及中韩围绕黄海问题的争议。这些长期未能解决的领土争端将成为影响我国周边地缘环境稳定性的关键问题。此外，我国正在迅速崛起，在外国势力对"中国威胁论"大肆鼓吹的情形下，进一步导致其他国家对我国大国和平崛起的不信任及抵触心理，因而"崛起"的敏感时期使得我国尤其是与发达国家、周边国家之间的矛盾不断增加。

我国当下所处的这种时期、空间特征使得我国周边地缘环境非常复杂，如果能够处理好周边地缘环境，将对我国发展区域合作、实现和平崛起具有重要推动意义；反之，则将影响我国的进一步发展。因而加强对周边地缘环境的研究对我国周边地缘环境的安全及我国的经济社会发展也越发重要。

　　针对中国在国际上的大国地位日益确立而周边地缘形势严峻异常的国际形势和国家需求，北京师范大学在外交部的支持下，与国家基础地理信息中心合作成立了"中国周边地缘研究中心"（简称"中心"）（北京师范大学，2013a）。中心陆续举办了"我国周边地缘环境分析与地理空间信息建模""周边地缘环境解析与可持续发展"两次研讨会。参与单位包括中

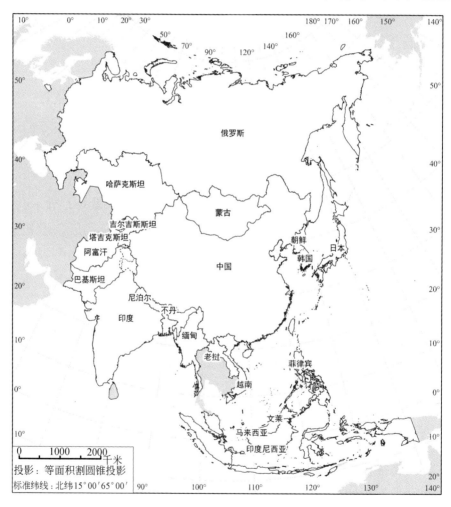

图 1-1　与中国陆地接壤和隔海相望的国家

华人民共和国外交部、国家自然科学基金委、中华人民共和国水利部、中华人民共和国环境保护部等在内的政府机构，中国科学院地理科学与资源研究所、北京大学在内的十余所科研机构和高等院校，以及国际地理联合会（IGU）等（胡志丁等，2013a）。

2013 年 12 月 5~6 日，北京师范大学地理学与遥感科学学院联合国家基础地理信息中心在国际摄影测量与遥感学会（ISPRS）、国际地理联合会（IGU）、国际地图制图学协会（ICA）、中国地理学会（GSC）、美国地理学家协会（AAG）的支持下，于北京师范大学京师大厦举办了"周边地缘环境解析与可持续发展"（ISPRS/ IGU/ICA joint workshop on borderlands modeling and understanding for global sustainability）国际研讨会（ISPRS，2013；北京师范大学，2013b）。

1.2　地缘环境相关概念

北京师范大学的胡志丁等（2013b）区分了地缘环境与地理环境，将地缘环境界定为"地理上相邻近国家或国家之下的部分区域组成的地缘体的地缘关系，以及由地缘关系组成的地缘体的地缘结构、功能和影响地缘体的地缘关系的所有内、外部地理环境条件的总和"。胡志丁等（2013b）认为，地缘环境包括三个部分：地理环境、地缘关系和地缘结构。其中，地理环境是指"一定社会所处的地理位置以及与此相联系的各种自然环境、经济环境和社会文化环境的总和"；地缘关系是指"以地理位置、综合国力和距离等地缘要素为基础所产生的国家之间的地缘政治、地缘经济、地缘军事、地缘社会文化、地缘资源环境等关系，主要表现为国家间的相互作用"；"由于地缘体、地缘体间的地缘关系的差异，必然在不同地缘体的政治区域上形成差异的地缘结构，进而产生不同的地缘功能"。

为进一步解析地缘环境，需要从地缘环境的二元结构及其多维度网络化综合特性的视角解构地缘环境的成分——地缘环境要素。

从地缘环境的自然与社会属性看，可以对地缘环境要素分为本底要素、关联要素；从地缘环境的时空多维度属性看，地缘体在是结合区域格局中的地位和地理区位构成了地缘体的地缘位势。

地缘环境本底要素指基于地理位置赋予的基础地理信息（经纬位置、地形地貌、土壤、气候、生物……）、自然资源特别是能源和紧要的关键的矿产资源、水资源、生态环境要素、社会经济要素（人口、国内生产总值、人均国民总收入、产业结构、人类发展指数……）。这些构成了一个国家地缘影响力的基本体量，具有相对稳定性。

地缘环境关联要素指在地缘体相互关联基础上发生物质、能量、信息流量形成的要素，如跨界自然资源要素（跨界水、跨界能源、跨界矿产……）、经济关联要素（对外投资、吸引外资、双边贸易、区域集团等）、社会关联要素（跨界人口、跨界民族、跨界宗教、跨界交通等）。这些构成地缘体之间相互影响力的主要体现，具有明显的动态变化和地缘体之间互动的特征。

地缘位势指地缘体之间受地理相对位置（location）和权力格局（position）的影响所形成的地缘感知程度，是地缘体之间的地缘重量与地缘距离的时空泛函数。

地缘环境所涉及的空间尺度有大小之分。总的来说，地缘环境研究的空间尺度有 4 种等级：全球尺度、地区尺度、国家尺度和边境尺度。

1）全球尺度。全球尺度地缘环境分析将重点集中在以地区尺度为整体的地缘体的政治区域上。作为统一的地缘体，其所处的全球地理位置、地理特征等对该地区的地缘环境具有重要的影响。全球尺度的地缘环境影响因素主要为政治、军事、经济等。

2）地区尺度。地区尺度地缘环境分析将重点集中在以国家为整体的地缘体政治区域上。作为统一的地缘体之一，国家间的政治、军事、经济、文化等软硬实力对比在塑造整体地区地缘环境结构、特征、功能等方面具有重要的作用。

3）国家尺度。国家尺度地缘环境分析将重点集中在国家内部行政区的政治区域上。国家内部民族矛盾、经济发展不平衡、宗教信仰等成为国家尺度地缘环境分析的着重点。

4) 边境尺度。边境地区和边界在塑造国家的地缘环境空间结构中的重要性绝不亚于国家的首都和核心区。边境尺度地缘环境分析将重点集中在国家间的边境地区。边界地区领土、水资源冲突、边境地区的稳定与发展成为国家间重点考虑的因素。

1.3 国内外研究现状

进入 21 世纪以来，国内学者对周边地缘环境的研究不断增多，这些研究主要集中在以下三个方面（王淑芳等，2014）：①中国周边地区地缘环境解析（Wang et al. ，2015；胡志丁等，2013b；黄凤志和吕平，2011；毛汉英，2014）。王淑芳等（2015）从硬实力、软实力和相互依赖力三个方面构建地缘影响力的指标体系，定量度量了中国和美国在南亚的地缘影响力，并对其时空演变机制进行了分析。结果表明，硬实力、软实力、相互依赖力和摩擦力是地缘影响力演变的主要影响因素。胡志丁等（2013b）构建了由地理环境、地缘关系和地缘结构三个部分组成的地缘环境评价方法，探讨了南亚地缘环境的空间格局与分异规律。结果表明，南亚在地理环境、地缘关系和地缘结构上都存在明显的空间分异，并将南亚国家划分为四大类。②中国周边地缘战略分析（杜德斌等，2012；杜德斌和马亚华，2012；宋德星，2004）。③中国周边地缘环境的数字化研究（陈军等，2012，2013）。陈军等（2012，2013）在"数字国界"的基础上提出了"数字周边"的概念，认为应该将周边范围内的有关实体及相互间关系数字化，并发展相应的信息检索、分析处理、可视化表达等功能。

还有大量的地缘环境研究不能在这里——列举，近期的地缘相关研究进展可参见 *Sustainability* 专刊（http：//www. mdpi. com/journal/sustainability/special＿ issues/borderland–studies）以及 *International Journal of Geograhical Information*（IJGI）专刊（http：//www. mdpi. com/journal/ijgi/special＿ issues/borderland）。

本书关注从地理信息系统（GIS）的角度研究中国周边地缘环境。有学者认为基于 GIS 的地缘环境研究面临以下三项挑战（Chen et al.，2015）。

（1）数据集成建模

地缘现象和事件的结构化描述和表达是地缘建模的主要任务之一，这不仅包括传统的数字化边界信息，还包括自然环境与社会经济活动信息。与传统的 GIS 数据相比，地缘环境信息具有以下明显的特征。

1）多尺度。自然现象和人类活动在不同的尺度下表现出显著的差异，地缘数据模型必须能够表达多尺度空间和属性信息（Jones et al.，1996）。非空间数据应该分层组织。由于数据并不一定在所有尺度下都能获取到，因此在某些特定的情况下，需要对数据进行升尺度或者降尺度处理，并将这些数据存储在多尺度的地缘环境信息数据库中。

2）动态与交互。自然过程与人类活动在时间和空间上是高度动态的，并与环境产生交互作用。人类与环境的交互（如土地利用）以及人类自身内部的交互（如移民、贸易、文化交流、冲突等）将给地缘环境数据的获取、建模和分析带来困难。

3）数据异质性。地缘环境数据的来源包括很多方面，如遥感、测量、实地调查、志愿者地理信息（VGI）等，这些数据往往在时空尺度、数据精度、可靠性等方面存在差异。这些数据可能是结构化的，也可能是非结构化的；它们的存在形式各不一样，可能是栅格的、矢量的，也可能是文本、图片等。所有这些数据的集成与融合也是地缘环境数据建模面临的重要问题。

（2）地缘综合分析

地缘环境的研究涉及多学科的交叉和融合，如地理学、国际关系、地缘政治、空间信息、外交等。目前的分析方法仍然是单一主题驱动的方法，地缘环境研究仍然缺乏协同社会、经济、政治和文化等各个方面的综合分析方法（Chen et al.，2013）。地缘综合分析需要集成以下两个方面。

1）基于 GIS 的空间分析。空间分析一直以来都是 GIS 的优势所在。目前已经存在一些空间分析方法可用于地缘环境研究，如多准则决策分析（Greene et al.，2011；Malczewski，2006）、空间关系计算（Chen et al.，2001）等。

2）多领域专家知识。一些地缘现象需要地理和其他社会经济、文化、政治和外交因素的协同分析。因此，这些现象的分析需要来自学术界、政府机构，以及国际组织等各个领域的专家知识进行协同分析。

（3）地缘信息服务

长期以来，由于历史和敏感性方面的原因，许多研究机构和研究人员都把自己的研究数据保护起来，只提供给内部人员使用。然而随着信息化网络化时代的到来，信息共享得到了大多数人的理解和支持，越来越多的研究人员将自己的数据甚至源代码共享在互联网上，这不仅使得后来的研究人员易于重复别的研究并在其基础上进行改进和创新，还使得研究交流更加活跃。从地理信息服务的角度来说，地缘环境研究应该建立起一个服务平台，促进信息共享和学术交流，避免形成信息孤岛。这包括以下两个方面。

1）分布式数据共享。通过分布工数据共享平台，使得在不同机构、不同地方的研究人员都能方便地共享自己的研究数据，同时也能快捷地获取数据。

2）地缘模型处理服务。地缘环境信息服务平台不仅提供数据共享，还应该提供模型处理服务。将一些现成的地缘环境研究模型封装成服务进行共享，可以避免研究人员再造汽车轮子，从而更加关注自己的研究模型与方法。

1.4 本书章节

如图 1-2 所示，按照从设计到开发再到制图的总体思路，本书共分 5 个章节，分别为绪论（第 1 章）、中国周边地缘环境信息数据库构建（第

2 章）、中国周边地缘环境信息系统开发（第 3 章）、中国周边地缘环境专题制图（第 4 章），以及结论与展望（第 5 章）。

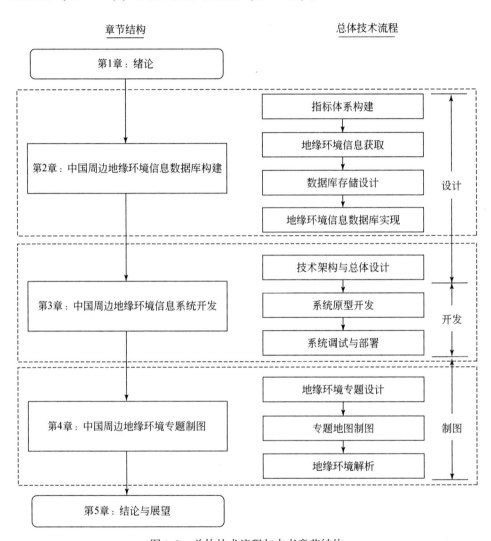

图 1-2　总体技术流程与本书章节结构

第 2 章　中国周边地缘环境信息数据库构建

中国周边地缘的定量研究离不开地缘环境信息的支持，而周边地缘环境信息具有多空间尺度、多时间尺度等特征，某些缺少资料的地区信息难以获取。为此，需要从多源渠道收集整理多元、多尺度的地缘环境信息、确立数据存储规范、构建地缘环境指标体系，建立中国周边地缘环境信息数据库，为周边地缘环境建模与评价提供数据支撑。本章介绍中国周边地缘环境信息数据库的多元、多尺度的地缘环境信息数据存储规范、地缘环境指标体系，为周边地缘环境建模与评价提供数据支撑。

2.1　数据库构建步骤

中国周边地缘环境信息数据库的构建大体分为四大步骤：①地缘环境信息数据获取；②专题图层提取；③地缘环境数据空间离散；④数据库构建。总体技术路线图如图 2-1 所示。

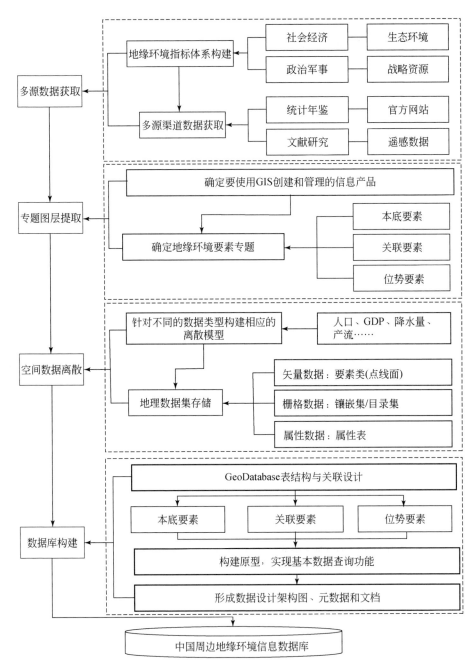

图 2-1　中国周边地缘环境信息数据库构建技术路线

2.1.1　地缘环境信息数据获取

在获取数据之前确定四类地缘环境数据指标体系：社会经济、生态环境、政治军事和战略资源。列出每一类指标体系的指标名称、精度（时间分辨率、空间分辨率和地理尺度）、单位，并对每一个指标进行定义和说明。

在确定了指标体系之后，从多源渠道获取数据。从统计年鉴、官方网站、权威研究机构、政府文档、遥感、实地调查和访谈等，记录每一个指标的来源。在数据获取中，以政府部门、国际组织等权威机构发布的数据为主，以相关研究衍生数据、新闻报道数据为辅，以保证数据的可靠性。主要数据来源见附录 1。

2.1.2　专题图层提取

依据研究的总体框架和技术路线，将地缘环境信息数据库划分为以下 6 个数据专题（每个数据专题使用一个要素数据集 Dataset 来管理专题相关数据）：中国与周边国家基本状况、中国与南亚经济关联度评价专题、中国和南亚地区跨境人口地缘安全评价专题、中印跨境水资源安全评价专题、地缘位势评价与南亚地缘环境特征，以及地缘环境单元划分专题。依据每个专题评价的需求，将相关的矢量、栅格数据存储在相应的数据集中。每个数据集包括该专题评价所需的本底数据、评价产生的中间文件数据，以及最后的评价结果数据等。将数据以专题形式划分，不仅方便于数据查询与检索，而且有利于专题制图。

2.1.3　地缘环境数据空间离散

对于无法直接获取空间分布的地缘环境数据，需要对其进行空间离散。针对不同的数据（如人口、GDP 等）要根据其地理分布特征、与其他空间分布要素的联系等规律构建相应的空间离散模型，再进行数据的空间离散，用于进一步的建模和分析。

将各类数据表现形式分解为多个地理数据集。在地理数据集存储中，使用要素类（点线面）来管理矢量数据，使用镶嵌集/目录集来管理栅格数据，使用属性表来管理非空间数据。

社会经济数据空间化与可获取的数据以及地理尺度有关。在可获取的数据中，一部分是离散化的地缘环境数据，遥感数据属于此类数据；另一部分数据非空间数据（属性数据），统计数据属于此类数据。对于第一类数据，不需要进行空间离散化；对于第二类数据，需针对不同的地理表达尺度进行空间离散，方法如下。

1）在大级别的地理尺度下（如国家级），统计数据与空间数据相吻合，对空间数据与统计数据建立关联（一般以国家名称或代码作为唯一 ID），实现数据空间化。省级和县级的数据空间化方法类似。

2）在只能获取大尺度统计数据又要获得数据的空间分布的情况下，首先需要分析数据指标的特点、地理分布特征以及与其他相关的要素分布的关联，建立起数据指标的空间离散化模型，其次进行数据的空间离散化。

2.1.4　数据库构建

（1）地理数据库的类型

常用的地理数据库有以下三种类型（ESRI，2015）。

1）文件地理数据库（File GeoDatabase）：在文件系统中以文件夹形式存储。每个数据集都以文件形式保存，该文件大小最多可扩展至 1 TB。

2）个人地理数据库（Personal GeoDatabase）：所有的数据集都存储于 Microsoft Access 数据文件内，该数据文件的大小最大为 2 GB。

3）ArcSDE 地理数据库（ArcSDE GeoDatabase）：使用 Oracle、Microsoft SQL Server、IBM DB2、IBM Informix 或 PostgreSQL 存储于关系数据库中。这些多用户地理数据库需要使用 ArcSDE，在大小和用户数量方面没有限制。

通过对比三种类型的地理数据库，选取文件地理数据库来存储中国周边地缘环境信息数据。

（2）数据组织

数据库按照层次型的数据对象来组织地理数据（图 2-2），这些数据对象包括对象类（Object Classes）、要素类（Feature Classes）、栅格数据集。对象类是指存储非空间数据的表格（Table），要素类是具有相同几何类型和属性的要素的集合，即同类空间要素的集合，如国家区域、国界线、首都等。

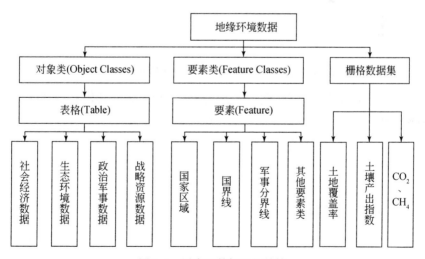

图 2-2　层次型数据组织结构

2.2　地缘环境信息数据库指标体系

2.2.1　本底要素指标

本书将本底要素指标划分为社会经济、生态环境、政治军事和战略资源四大类。

（1）社会经济指标体系

社会经济指标体系见表2-1，包含国家级、省/邦级和热点地区（藏南地区）三个尺度。

表 2-1　社会经济指标体系

社会经济指标	精度			单位
	时间分辨率	空间分辨率	地理尺度	
国内生产总值	1 年	统计数据	国家	美元
人口总数	1 年	统计数据	国家	人
人均 GDP	1 年	统计数据	国家	美元
GDP 年均增长率	1 年	统计数据	国家	%
国内生产总值	1 年	统计数据	国家	美元
总人口数	1 年	统计数据	国家	户
收入基尼系数	1 年	统计数据	国家	—
城市人口比例	1 年	统计数据	国家	%
平均受教育年限	1 年	统计数据	国家	年
出生时预期寿命	1 年	统计数据	国家	岁
孕产妇死亡比率	1 年	统计数据	国家	%
青春期生育率	1 年	统计数据	国家	%
接受过中等教育的人口比例	1 年	统计数据	国家	%
公共教育支出	1 年	统计数据	国家	美元

续表

社会经济指标	精度			单位
	时间分辨率	空间分辨率	地理尺度	
医疗卫生支出	1 年	统计数据	国家	美元
与南亚国家第一大进口国贸易所占比重	1 年	统计数据	国家	%
与南亚国家第一大出口国贸易所占比重	1 年	统计数据	国家	%
与南亚国家贸易额占其总贸易额的比例	1 年	统计数据	国家	%
各国国家经济总量所占南亚比重	1 年	统计数据	国家	%
出生率	1 年	统计数据	省邦	%
死亡率	1 年	统计数据	省邦	%
耕地面积	1 年	统计数据	省邦	平方千米
耕地面积（净耕种）	1 年	统计数据	省邦	平方千米
耕地面积（多次耕种）	1 年	统计数据	省邦	平方千米
耕地面积（谷类）	1 年	统计数据	省邦	平方千米
耕地面积（豆类）	1 年	统计数据	省邦	平方千米
耕地面积（油料）	1 年	统计数据	省邦	平方千米
耕地产量（谷类）	1 年	统计数据	省邦	千克
耕地产量（豆类）	1 年	统计数据	省邦	千克
耕地产量（油料）	1 年	统计数据	省邦	千克
教师数量（小学）	1 年	统计数据	省邦	人
教师数量（中学）	1 年	统计数据	省邦	人
教师数量（高中）	1 年	统计数据	省邦	人
教师数量（职高）	1 年	统计数据	省邦	人
教师数量（大学）	1 年	统计数据	省邦	人
青少年犯罪	1 年	统计数据	省邦	人
青少年犯罪（旧犯）	1 年	统计数据	省邦	人
青少年犯罪（新犯）	1 年	统计数据	省邦	人
医院数量	1 年	统计数据	省邦	个
医院床位数量	1 年	统计数据	省邦	个

续表

社会经济指标	精度			单位
	时间分辨率	空间分辨率	地理尺度	
产奶量	1 年	统计数据	省邦	千克
产奶量（奶牛）	1 年	统计数据	省邦	千克
产奶量（水牛）	1 年	统计数据	省邦	千克
产奶量（山羊）	1 年	统计数据	省邦	千克
注册机动车数量	1 年	统计数据	省邦	千辆
城镇道路里程	1 年	统计数据	省邦	千米
高速公路里程（国道）	1 年	统计数据	省邦	千米
高速公路里程（省道）	1 年	统计数据	省邦	千米
识字率	1 年	统计数据	省邦	%
预留森林覆盖面积	1 年	统计数据	省邦	平方千米
各宗教信仰人数	1 年	统计数据	热点地区县级	人
各语族人数	1 年	统计数据	热点地区县级	人

（2）生态环境指标体系

生态环境指标体系和指标说明如表 2-2 ~ 表 2-4 所示，包括国家级、省邦级和热点地区（雅江流域①）三个尺度。

表 2-2　生态环境指标体系（统计数据）

生态环境指标	精度			单位
	时间分辨率	空间分辨率	地理尺度	
森林覆盖面积比例	1 年	统计数据	国家	%
国土面积	1 年	统计数据	国家	平方千米
城市污染	1 年	统计数据	国家	—
各国所处南亚地理位置的重要性	1 年	统计数据	国家	—
保护森林覆盖面积	1 年	统计数据	省邦	平方千米
森林覆盖面积	1 年	统计数据	省邦	平方千米

---

① "雅江流域"为雅鲁藏布江-布拉马普特拉河流域简称。

表 2-3　生态环境指标体系（栅格数据）

数据名称	数据来源	精度		单位
		时间分辨率	原始分辨率	
耕地覆盖率	UNEP	多年平均	0.08°	%
土壤产出指数	UNEP	多年平均	0.08°	归一化指数
降水量	地球系统科学数据共享平台	1981~2000 多年平均	1 千米	mm
气温	地球系统科学数据共享平台	同上	1 千米	1/10℃
水系密度	UNEP	—	矢量线	归一化指数
矿点密度	USGS	—	矢量点	归一化指数
NPP	马里兰大学	多年平均	8 千米	$gc/cm^2 \cdot a$
可利用生长期	UNEP	1995 年	0.5°	天
震灾风险	UNEP	多年平均	0.5°	归一化指数
旱灾风险	哥伦比亚大学	多年平均	2.5°	归一化指数
洪灾风险	哥伦比亚大学	多年平均	2.5°	归一化指数
CO_2 排放	UNEP	1990 年、1995 年平均	2.5°	归一化指数
SO_2 排放	UNEP	同上	2.5°	归一化指数
CH_4 排放	UNEP	同上	2.5°	归一化指数
植被覆盖度	NDVI 计算得出	多年平均	1 千米	%
坡度	计算得出	—	1 千米	度
土地利用	MODIS	2001 年、2009 年	500 米	—
人口数	原始提供	2000 年、2005 年	5 千米	人
人口密度	原始提供	2000 年、2005 年	5 千米	人/平方千米
到主要城市旅行时间	欧盟委员会、世界银行	2008 年	0.5°	小时

　　注：表中缩写代表的含义：UNEP，联合国环境规划署（http://www.unep.org）；MODIS，中分辨率成像光谱仪（modis.gsfc.nasa.gov）。

表 2-4　生态环境指标（栅格）说明

指标名称	指标说明
降水量	原始数据为 1981~2000 年各月多年平均数据，空间分辨率为 1 千米，1~12 月每月 1 个图层，共 12 个文件，覆盖全球范围
矿点密度	原始数据为 shp 格式点文件，属性包括矿产类型等，覆盖全球范围
水系密度	原始文件为 shp 格式线文件，全球河网数据，通过线密度插值得到水系密度栅格文件

指标名称	指标说明
土壤产出指数	原始数据为土壤生产力分等级数据，在此基础上已进行归一化处理，数据解释详见 UNEP 数据库 http：//geodata. grid. unep. ch/mod_ metadata/metadata. php
可利用生长期	原始数据将可利用生长期划分成 17 个等级，分别对应不同的可利用生长天数，详见 http：//geodata. grid. unep. ch/mod_ metadata/metadata. php
震灾风险	原始数据为 shp 格式点文件，通过点密度插值获得归一化的栅格文件，覆盖全球范围
旱灾风险	原始数据为 2.5°栅格分等级文件，将栅格点取中心位置坐标转成点文件，通过点插值实现数据降尺度，得到 5000 米空间分辨率归一化栅格文件，覆盖全球范围（洪灾风险处理过程相同）
CO_2 排放	原始数据通过模型模拟得到，原始栅格数据为 2.5°栅格分等级文件，将栅格点取中心位置坐标转成点文件，通过点插值实现数据降尺度，得到 5000 米空间分辨率归一化栅格文件，覆盖全球范围（SO_2、CH_4 处理过程相同）。元信息详见 http：// geodata. grid. unep. ch/mod_ metadata/metadata. php
人口及密度	2000 年为实际统计值、2005 年为预测值，详细数据制备方法参见 http：// geodata. grid. unep. ch/mod_ metadata/metadata. php
到主要城市旅行时间	以空间栅格的形式估算了任一点到最近的主要城市的通达性，详见 http：// ec. europa. eu/dgs/jrc/index. cfm? id=1410&obj_ id=6670&dt_ code=NWS&lang=en

（3）政治军事指标体系

政治军事指标体系见表 2-5。

表 2-5　政治军事指标体系

政治军事指标	精度			单位
	时间分辨率	空间分辨率	地理尺度	
国家间的政治军事冲突	1 年	统计数据	国家	归一化指标
国家间的领土冲突	1 年	统计数据	国家	归一化指标
国家间跨界河流冲突	1 年	统计数据	国家	归一化指标
国家宗教信仰冲突	1 年	统计数据	国家	归一化指标
国家间的民族冲突	1 年	统计数据	国家	归一化指标
各国国家政治军事实力所占南亚比重	1 年	统计数据	国家	%

政治军事指标	精度			单位
	时间分辨率	空间分辨率	地理尺度	
联邦席位	1 年	统计数据	省邦	人
联邦席位（妇女）	1 年	统计数据	省邦	人
武警数量	1 年	统计数据	省邦	人
民警数量	1 年	统计数据	省邦	人
选区数量	1 年	统计数据	省邦	个
选民数量	1 年	统计数据	省邦	人
参选人数	1 年	统计数据	省邦	人
参选比例	1 年	统计数据	省邦	%
公共事业计划支出	1 年	统计数据	省邦	美元

（4）战略资源指标体系

战略资源指标体系见表2-6，包括国家级、省邦级和热点地区（雅江流域）三个尺度。

表 2-6　战略资源指标体系

战略资源指标	精度			单位
	时间分辨率	空间分辨率	地理尺度	
石油（储量）	1 年	统计数据	国家	万吨
石油（产量）	1 年	统计数据	国家	万吨
石油（消费量）	1 年	统计数据	国家	万吨
天然气（储量）	1 年	统计数据	国家	立方米
天然气（产量）	1 年	统计数据	国家	立方米
天然气（消费量）	1 年	统计数据	国家	立方米
煤炭（储量）	1 年	统计数据	国家/邦	吨
煤炭（产量）	1 年	统计数据	国家/邦	吨
煤炭（消费量）	1 年	统计数据	国家/邦	吨
铁（储量）	1 年	统计数据	国家/邦	吨

战略资源指标	精度			单位
	时间分辨率	空间分辨率	地理尺度	
铁（产量）	1 年	统计数据	国家/邦	吨
铁（消费量）	1 年	统计数据	国家/邦	吨
锰（储量）	1 年	统计数据	国家/邦	吨
锰（产量）	1 年	统计数据	国家/邦	吨
锰（消费量）	1 年	统计数据	国家/邦	吨
铬（储量）	1 年	统计数据	国家/邦	吨
铬（产量）	1 年	统计数据	国家/邦	吨
铬（消费量）	1 年	统计数据	国家/邦	吨
钴（储量）	1 年	统计数据	国家/邦	吨
钴（产量）	1 年	统计数据	国家/邦	吨
钴（消费量）	1 年	统计数据	国家/邦	吨
铜（储量）	1 年	统计数据	国家/邦	吨
铜（产量）	1 年	统计数据	国家/邦	吨
铜（消费量）	1 年	统计数据	国家/邦	吨
铅（储量）	1 年	统计数据	国家/邦	吨
铅（产量）	1 年	统计数据	国家/邦	吨
铅（消费量）	1 年	统计数据	国家/邦	吨
锌（储量）	1 年	统计数据	国家/邦	吨
锌（产量）	1 年	统计数据	国家/邦	吨
锌（消费量）	1 年	统计数据	国家/邦	吨
铝（储量）	1 年	统计数据	国家/邦	吨
铝（产量）	1 年	统计数据	国家/邦	吨
铝（消费量）	1 年	统计数据	国家/邦	吨
金（储量）	1 年	统计数据	国家/邦	吨
金（产量）	1 年	统计数据	国家/邦	吨
金（消费量）	1 年	统计数据	国家/邦	吨

战略资源指标	精度			单位
	时间分辨率	空间分辨率	地理尺度	
银（储量）	1 年	统计数据	国家/邦	吨
银（产量）	1 年	统计数据	国家/邦	吨
银（消费量）	1 年	统计数据	国家/邦	吨
硫（储量）	1 年	统计数据	国家/邦	吨
硫（产量）	1 年	统计数据	国家/邦	吨
硫（消费量）	1 年	统计数据	国家/邦	吨
磷（储量）	1 年	统计数据	国家/邦	吨
磷（产量）	1 年	统计数据	国家/邦	吨
磷（消费量）	1 年	统计数据	国家/邦	吨
产流	1 年	栅格 1 千米	雅江流域	毫米
汇流	1 年	栅格 1 千米	雅江流域	毫米
降雨量	1 年	栅格 1 千米	雅江流域	毫米
融雪量	1 年	栅格 5 千米	雅江流域	毫米

2.2.2　关联要素指标

关联要素指标见表 2-7。

表 2-7　关联要素指标

名称	说明	单位	尺度
语言亲缘度	表示某一语言种 S 与另一语言种 D 在遗传上亲缘的程度，或者具有相似性的概率。具体度量方法参见 3.5.6 节	综合指标	县
宗教亲缘度	表示某一宗教 R 与另一宗教 S 在遗传上亲缘的程度，或者具有相似性的概率。具体度量方法参见 3.5.7 节	综合指标	县

名称	说明	单位	尺度
中国主要城市对印贸易受海上运输通道影响度	在中印双边贸易中，中国主要通过沿海口岸与印度进行贸易，中国—印巴航线海上运输通道受阻会直接影响中国经由沿海口岸对印贸易的运输成本，进而影响中印贸易和中印陆边口岸辐射范围。运输通道的受阻，可以直接反映在运输成本上。 当海上运输通道综合影响系数 Si 值越大，即海上运费占总运输费用比重越大，则中印地区联运运输成本受海上运输成本影响程度大，即对海上运输通道更为敏感，即一旦运输通道受阻后运输成本影响程度显著，中印贸易受该类通道影响程度也就越大	综合指标	城市
中国主要城市对印贸易受陆路运输通道影响度	当陆路运输通道综合影响系数 Si 值越大，即通过陆边口岸公路运费占总运输费用比重越大，则中印地区联运运输成本受陆路运输成本影响程度大，即对陆路通道相对敏感，一旦运输通道受阻后运输成本影响程度显著，中印贸易受该类通道影响程度也就越大	综合指标	城市
经济合作潜力	两个国家的经济合作潜力取决于双方的便捷性、友好性、互补性等。在单位规模合作潜力系数的基础上，把经济活动的规模考虑进来，即可得到合作潜力指数。具体度量方法参见3.5.2节	综合指标	国家
便捷系数	便捷系数 L_{ij} 赋值思路如下：取南亚五国首都及重要城市，分别测量其与北京、上海、广州的直线距离，取算术平均值，作为该国与中国的平均距离。将平均距离归一化，即得到便捷系数。具体度量方法参见3.5.2节	综合指标	国家
友好系数	交往便捷、并有很好的经济互补性，只是为双方合作提供了基本的前提，还不能成为合作的必然条件。测算国家之间的经济合作潜力，还要考虑各自双方之间的友好关系及其发展前景。"友好系数"即双方友好合作的态势。具体度量方法参见3.5.2节	专家打分值	国家
互补系数	两国之间的合作，在其他条件相同的情况下，互补性越大，合作的必要性和可能性也越大。互补性可以通过多种途径进行测算。取两个向量的夹角余弦为相似性的指标，而用"1−相似系数"作为互补性的度量。互补性表现在多方面，我们主要关注产业结构方面的互补性。因此选取三次产业的人均增加值为要素进行计算。具体度量方法参见3.5.2节	综合指标	国家

名称	说明	单位	尺度
三角稳定度	国家之间的稳定性,必须要放到世界体系中考量。在三边关系中不能忽视各利益方的相对质量(如实力、势力、影响力等)的大小。不稳定度=重心偏离几何中心的距离除以其外接圆半径:D/R。$1-D/R$=稳定度,此值介于 0~1。具体度量方法参见 3.5.4 节	综合指标	国家
国家控制力	对于双方外交来说,控制力就是双方综合实力的对比。对于三方外交来说,控制力不仅与综合实力有关,还与当事国与其他两国之间的友好性有关。具体度量方法参见 3.5.3 节	综合指标	国家

2.2.3　位势要素指标

地缘环境位势要素仅包含"地缘位势"一个指标,依照地缘研究的理论基础,地缘位势不仅包含有形的、本底的因素,同时还包含无形的、相互关联、相互依赖的因素,如表 2-8 所示。地缘位势的度量方法,详见 3.5.9 节。

表 2-8　位势要素指标

名称	说明	单位	尺度
地缘位势	"地缘位势"可以定义为一国受到地理相对位置和权力格局的相互作用所形成的政治势能,具体可分解为地缘距离、地缘重量和关系系数三个衡量指标。 基于地缘位势的概念模型,我们把地缘距离分解为空间距离和关联距离。其中,"空间距离"表示国家之间实际的物理距离;"关联距离"表示国家间的政治、经济和军事等流动要素的关联度;"地缘重量"表示国家的综合实力;"关系系数"则表示国家之间相互依赖的程度	综合指标	国家

2.3　地缘环境信息数据库存储规则

本节规定了地缘环境信息数据库的以下内容。

1）存储地缘环境本底要素（社会经济、生态环境、政治军事和战略资源）、关联要素和位势要素指标的数据表定义和关联。

2）事件数据库的结构。

2.3.1　数据表与字段命名约定

（1）数据表

数据表是数据库中一个非常重要的对象，是其他对象的基础。一个数据库中一般包含若干个数据表。数据表是一系列二维数组的集合，用来代表和储存数据对象之间的关系。在中国周边地缘环境信息数据库中，表名（如 Country/GeoEnvironmentalDataType）应符合以下规范。

1）统一采用单数形式，不使用复数如 Countries 的表名；

2）首字母大写，多个单词的话，单词首字母大写；

3）不使用中文拼音，避免如 GuoJia 的表名；

4）表名中不能出现空格；

5）多对多关系表，以 Mapping 结尾，如 UserRoleMapping；

6）避免用保留字作表名。

（2）字段

数据表的"列"称为"字段"，每个字段包含某一专题的信息，如"名称"，"年份"。字段名（如 CountryName）应符合以下规范。

1）首个字母大写，多个单词时，单词首字母大写，多个单词之间不能有空格；

2）字段名必须以英文字母开头，由字母和数字组成；

3）必须有一主键，主键不直接用 ID，而是表名+ID，如 CountryID；

4）常用的字段 Name，不直接用 Name，而是表名+Name，如 CountryName；

5）不使用中文拼音、下划线连接、保留字。

（3）数据库设计术语定义

字段定义中用到的术语和简写定义见表 2-9。其中，主键（Primary Key）是表中的一个或多个字段，用于唯一标识表中的某一条记条。外键用于与另一张表确定关联，用于保持数据的一致性，如果字段 A 是表 1 的一个字段，同时又是表 2 的主键，那么字段 A 就是表 1 的外键。

表 2-9 术语和简写定义

英文缩写	英文全称	说明
PK	Primary Key	主键，唯一标识表中行的字段
FK	Foreign Key	外键
REF	Reference	外键引用的表
GEDType	GeoEnvironmental Data Type	地缘环境数据类型
SE	Social Economy	社会经济
EE	Ecological Environment	生态环境
PM	Politics and Military	政治军事
SR	Strategic Resources	战略资源

2.3.2 总体结构图

总体结构设计如图 2-3 所示。数据保存在文件地理数据库（File GeoDatabase）中，该数据库依据不同的专题分解为不同的地理数据集（Dataset），同一专题下的相关地理数据保存在同一数据集中。存储数据时，使用要素类（点、线、面）来存储矢量数据，使用镶嵌集/目录集来存储栅格数据，使用属性表来存储非空间数据。对于非空间数据，其地理尺度可能是国家尺度、省/邦尺度、县尺度和城市尺度这 4 种之中的一种或几种，因此，同一指标在不同尺度下表名的命名规则为：指标名称+下划线+尺度名称，即同一指标在不同尺度下的数据存储在不同的表中，通过表名进行区分。同一数据表中存储该指标在不同时间尺度（如年）下的数据。各数据表都具有相应地理尺度下的地理实体（国家/省/县/城市）的唯一标识的字段，以此为依据可将非空间数据和空间数据进行关联；各指标的元数据（指标名称、编号、代码、单位、描述、时间分辨率、尺度、要素类型等）都存储于一个独立的指标描述表中，通过指标描述表，可以检索数据库中的所有数据表。

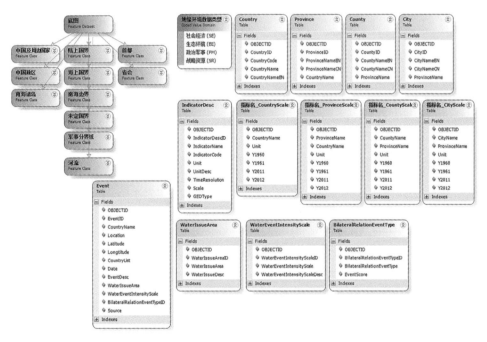

图2-3　数据库设计总图

2.3.3　基本名称表

基本名称表包含国家、省/邦、县和城市的名称，这些名称是确定的。本底要素、关联要素数据表引用基本表中的某些字段。

（1）国家表

存储国家信息的国家表（Country）结构见表2-10。

表 2-10　国家表

字段名	数据类型	PK/FK	可否为空	备注
CountryID	Int	PK	否	AI，国家编号，用来唯一标识一个国家
CountryCode	String		否	国家代码，三位定长
CountryName	String		否	国家名称（中文）
CountryNameEN	String		否	国家名称（英文）

（2）省/邦名表

存储一级行政区（省/邦）（Province）信息的数据表结构见表2-11。

表 2-11　省/邦名表

字段名	数据类型	PK/FK	可否为空	备注
ProvinceID	Short int	PK	否	省/邦编号，用来唯一标识一个省/邦
ProvinceNameEN	Text		否	省/邦名称（英文）
ProvinceNameCN	Text		否	省/邦名称（中文）
CountryName	Text		否	该省/邦所属国家的名称（英文）

（3）县名表

存储二级行政区（县）（County）信息的数据表结构见表2-12。

表 2-12　县名表

字段名	数据类型	PK/FK	可否为空	备注
CountyID	Long int	PK	否	县编号，用来唯一标识一个县
CountyNameEN	Text		否	县名称（英文）
CountyNameCN	Text		否	县名称（中文）
ProvinceName	Text		否	该县所属省

（4）城市

存储城市（City）信息的数据表结构见表2-13。

表 2-13　城市表

字段名	数据类型	PK/FK	可否为空	备注
CityID	Long int	PK	否	城市编号，用来唯一标识一个城市
CityNameEN	Text		否	城市名称（英文）
CityNameCN	Text		否	城市名称（中文）
ProvinceName	Text		否	该城市所属省

2.3.4　本底和关联要素表

（1）地缘环境本底数据类型

地缘环境数据类型针对地缘环境本底要素（GEDType，GeoEnvironm-etalDataType），将本底要素分成社会经济、生态环境、政治军事和战略资源四大类（表2-14）。

表 2-14　地缘环境本底数据类型表

字段名	数据类型	PK/FK	可否为空	备注
GEDTypeID	Int	PK	否	AI，类型编号，用来唯一标识一种地缘环境数据类型
GEDTypeName	String		否	地缘环境数据类型名称
GEDTypeNameEN	String			地缘环境数据类型英文名称
GEDCode	String		否	类型代码

本研究中该表数据见表2-15。

表 2-15 地缘环境本底数据类型

GEDTypeID	GEDTypeName	GEDTypeNameEN	GEDCode
1	社会经济	Social Economy	SE
2	生态环境	Ecological Environment	EE
3	政治军事	Politics and Military	PM
4	战略资源	Strategic Resources	SR

（2）本底要素、关联要素指标描述表

本底要素、关联要素指标描述表（IndicatorDesc）是用来记录各指标的元数据，具体结构见表 2-16。

表 2-16 本底要素、关联要素指标描述表

字段名	数据类型	PK/FK	可否为空	备注
IndicatorDescID	Long Int	PK	否	指标描述 ID，唯一标识一个指标描述
IndicatorNameEN	Text		否	指标名称（英文），命名时首字母大写，多个单词首字母大写，单词中间不留空格
IndicatorNameCN	Text		否	指标名称（中文）
IndicatorCode	Text		否	指标代码，具有"XX. XXX"的格式，前两位表示该指标所属的 GEDType，后 3 位根据指标的英文名称缩减而来；每一个指标与指标代码一一对应；可根据需要，有的指标可适当扩展为 2+4 位
Unit	Text		否	指标使用的单位
UnitDesc	Text			对不常用单位的解释，如"千克石油当量"
IndicatorDesc	Text		否	解释指标所代表的意义
TimeResolution	Text		否	指标的时间分辨率
Scale	Text		否	指标所反映的地理尺度
GEDType	Text			所属地缘环境数据类型，本字段为空即说明该指标属于关联要素

（3）国家尺度数据表（CountryScale）

本底要素数据由多张表组成，针对第 3 章中指标体系，每一个指标形成一张表。每张表有相同的结构（表 2-17）。

表 2-17　国家尺度数据表结构

字段名	数据类型	PK/FK	可否为空	备注
CountryName	String	PK/FK	否	国家，REF Country. CountryName
IndicatorNameCN	指标中文名	FK	否	
Unit	String		否	单位
Y1960	依指标而定			1960 年的数据
Y1961	依指标而定			1961 年的数据
Y1962	依指标而定			1962 年的数据
……	……	……	……	……
Y2010	依指标而定			2010 年的数据
Y2011	依指标而定			2011 年的数据
Y2012	依指标而定			2012 年的数据

注：①国家字段（CountryName）中的国家名称必须与国家表（Country）中的国家名称相一致；②Y1960～Y2012 分别表示 1960～2012 年的数据，从能获取到数据的年份开始；③表示年份的字段名以字母 Y 开头，不能直接用数字开头。

（4）省/邦尺度数据表

省/邦尺度数据表（ProvinceScale）类似于国家尺度的数据表，增加了一个 CountryName 字段（表 2-18）。

表 2-18　省/邦尺度数据表结构

字段名	数据类型	PK/FK	可否为空	备注
ProvinceName	Text	PK	否	省/邦名
ProvinceNameEN	Text			
CountryName	Text		否	该省/邦所属的国家，国家名称必须与国家表（Country）中的国家名保持一致

字段名	数据类型	PK/FK	可否为空	备注
IndicatorNameCN	指标中文名	FK	否	
Unit	Text		否	单位
Y1960	依指标而定			1960 年的数据
Y1961	依指标而定			1961 年的数据
Y1962	依指标而定			1962 年的数据
……	……	……	……	……
Y2010	依指标而定			2010 年的数据
Y2011	依指标而定			2011 年的数据
Y2012	依指标而定			2012 年的数据

（5）县尺度数据表

县尺度数据表（CountyScale）的结构见表 2-19。

表 2-19　县尺度数据表结构

字段名	数据类型	PK/FK	可否为空	备注
CountyName	Text	PK	否	县名
ProvinceName	Text		否	该县所属的省名称
IndicatorNameCN	指标中文名	FK	否	
Unit	Text		否	单位
Y1960	依指标而定			1960 年的数据
Y1961	依指标而定			1961 年的数据
Y1962	依指标而定			1962 年的数据
……	……	……	……	……
Y2010	依指标而定			2010 年的数据
Y2011	依指标而定			2011 年的数据
Y2012	依指标而定			2012 年的数据

（6）城市尺度数据表

城市尺度数据表（CityScale）的结构见表2-20。

表 2-20　城市尺度数据表结构

字段名	数据类型	PK/FK	可否为空	备注
CityName	Text	PK	否	城市名称
ProvinceName	Text		否	该城市所属的省名称
IndicatorNameCN	指标中文名	FK	否	
Unit	Text		否	单位
Y1960	依指标而定			1960 年的数据
Y1961	依指标而定			1961 年的数据
Y1962	依指标而定			1962 年的数据
……	……	……	……	……
Y2010	依指标而定			2010 年的数据
Y2011	依指标而定			2011 年的数据
Y2012	依指标而定			2012 年的数据

2.3.5　地缘事件数据库

（1）水文事件表

"事件数据"是广泛使用在政治学和国际关系定量分析中的概念，最先由 Charles Mc-Clelland 在 20 世纪 60 年代提出，事件数据为政治学和国际关系学由定性分析转向定量分析提供了重要的桥梁。国家间的关系是由国家间的事件表现出来的，因此事件数据分析就成为定量衡量双边关系的基本方法（周秋文等，2013）。本研究使用水文事件（Event）研究南亚国家在水资源开发与利用中的冲突与合作。事件数据库包括了如下信息：事件发生时间；涉及的国家，并指明了事件的发起国和承受国，或者该事件由双方共同发起；事件涉及的流域；对事件的简要描述；事件强度分级；事件所属的类型（水量、水质、水电开发、基础设施、流域管理、洪水、航运、渔业、流域经济发展、灌溉、技术合作与援助）。具体结构见表 2-21。

表 2-21　事件数据表结构

字段名	数据类型	PK/FK	可否为空	备注
EventID	Long Int	PK	否	事件 ID，用于唯一标识一个事件
CountryName	Text			发生该事件的所在的国家
Location	Text			事件发生的具体地方
Latitude	Double			事件发生地点的纬度
Longitude	Double			事件发生地点的经度
CountryList	Text		否	事件发生所涉及的国家名称列表；不同国家之间使用 "--"（两根短横线）连接；国家名称使用国家表（Country）中所定义的名称
Date	Date		否	事件发生的时间
EventDesc	Text		否	事件的详细描述
WaterIssueArea	Text			水文事件类型
WaterEventIntensityScale	Short Int			水文事件级别
BilateralRelationEvent-TypeID	Short int	FK		双边关系事件类型 ID，该 ID 与 Bilateral-RelationEventType 表 BilateralRelationEvent-TypeID 一致
Source	Text		否	事件的来源（出处）

字段说明如下。

1）EventID：事件编号，用以唯一标识一个事件。必填项。

2）CountryName：事件发生所在的国家。国家名称必须与国家表（Country）中的国家名称相一致。

3）Location：事件发生的具体地点。在水文事件中，该字段填流域名称。

4）Latitude／Longitude：这两个字段分别表示事件发生的地点的经纬度，经纬度信息可以从谷歌地图上获得。经纬度信息在事件的制图和可视化时非常有用。这是两个选填项。

5）CountryList：事件发生所涉及的国家名称列表；不同国家之间使用"--"（两根短横线）连接；国家名称使用国家表（Country）中所定义的名称。

6）Date：事件发生的日期。

7）EventDesc：对事件的描述，包括事件发生的时间地点人物结果影响等。

8）WaterIssueArea：水文事件类型，若该事件属于水文事件，则填该项，水文事件类型由水文事件表（WaterIssueArea）定义。

9）WaterEventIntensityScale：水文事件级别，若该事件属于水文事件，则填该项，由水文事件级别表（WaterEventIntensityScale）定义。

10）BilateralRelationEventTypeID：双边关系事件类型，该字段对应于双边事件类型表（BilateralRelationEventType）的 ID 字段。

11）Source：该事件的来源。

（2）水文事件类型表

水文事件类型表（WaterIssueArea）结构见表2-22。

表 2-22 水文事件类型表结构

字段名	数据类型	PK/FK	可否为空	备注
WaterIssueAreaID	Long Int	PK	否	水文事件类型 ID，用来唯一标识一种水文事件类型
WaterIssueArea	Text		否	水文事件类型名称
WaterIssueDesc	Text		否	水文事件类型描述

在本研究中，水文事件类型包括 11 种（表2-23）。

表2-23　水文事件类型

WaterIssueAreaID	WaterIssueArea	WaterIssueDesc
1	Water Quality	与水质有关的事件或者与水相关的环境问题
2	Water Quantity	与水量有关的事件
3	Hydro−power/ Hydro−electricity	与水电设施有关的事件
4	Navigation	与航行、水运、港口有关的事件
5	Fishing	与渔业有关的事件
6	Flood Control/ Relif	与洪水灾害、洪灾控制、洪灾损失和洪灾救济有关的事件
7	Economic Development	一般的经济/区域发展事件
8	Joint Management	与邻接流域或水资源管理相关的事件
9	Irrigation	与农业灌溉有关的事件
10	Infrastructure/ Development	与基础设施工程有关的事件，包括水坝、堰坝、运河等
11	Technical Cooperation / Assistance	与技术或经济合作或者援助有关的事件，包括为改善与水相关的技术或者基础设施的工程评估或者河流调查、资助等事件

注：根据 Yoffe 等（2003）和周秋文等（2013）相关资料整理。

（3）水文事件级别表

本表定义记录水文事件级别（WaterEventIntensityScale）的数据格式，见表2-24。

表2-24　水文事件级别表

字段名	数据类型	PK/FK	可否为空	备注
WaterEventIntensityScaleID	Short Int	PK	否	水文事件级别 ID，用来唯一标识一种水文事件级别
Scale	Short Int	PK	否	水文事件级别
ScaleDesc	Text		否	水文事件级别描述

在本研究中，水文事件级别共分 15 级，取值–7 ~ 7。–7 表示最负面的级别，0 表示中性级别，7 表示最正面的级别（Wolf et al. ，2003）。

（4）双边关系事件类型表

本表定义双边关系事件类型（BilateralRelationEventType）与分值，表结构如表 2-25 所示。

表 2-25　双边关系事件类型表

字段名	数据类型	PK/FK	可否为空	备注
BilateralRelationEven-tTypeID	Short Int	PK	否	事件类型 ID，用来唯一标识一种事件类型
EventType	Text	PK	否	事件类型名称
EventScore	Text		否	该事件的分值

2.4　本章小结

本章基于 GeoDatabase 构建了中国周边地缘环境信息数据库，具体来说，完成了以下几个方面的工作。

1）原始数据获取：从多源渠道（统计年鉴、官方网站、权威研究机构、政府文档、遥感）获取数据，在数据获取中，以政府部门、国际组织等权威机构发布的数据为主，以相关研究衍生数据、新闻报道数据为辅，以保证数据的可靠性。将获取的原始数据分为空间数据和非空间数据两大类。空间数据既包含矢量形式的基础地理信息数据如行政区划、河流、道路等，又包含栅格形式的自然地理数据如生态水文数据等；非空间数据主要包括统计数据。

2）数据库设计：针对周边地缘环境数据的多空间尺度、多时间尺度特征，设计了易于存储和管理的数据库存储结构。在同一尺度中，数据表具有相同的结构。在数据库中，地理尺度包括：国家尺度（CountryScale）、省/

邦尺度（ProvinceScale）、县尺度（CountyScale）和城市（CityScale）。同一指标在不同尺度下表名的命名方式为：指标名称+下划线+尺度名称。每张表都具有唯一标识的字段，通过该字段可以将非空间数据和空间数据进行关联。为了查询的方便，每一个指标的元数据（指标名称、编号、代码、单位、描述、时间分辨率、尺度、要素类型等）都保存在一张指标描述表中。指标名称必须与本底要素指标描述表（IndicatorDesc）中的指标名称（IndicatorNameEN）保持一致。

3）数据存储与组织：将各类数据表现形式分解为多个地理数据集保存在文件地理数据库（File GeoDatabase）中。同一专题数据保存在一个地理数据集中。在地理数据集存储中，使用要素类（点、线、面）来管理矢量数据，使用镶嵌集/目录集来管理栅格数据，使用属性表来管理非空间数据。

4）周边地缘环境指标体系构建与数据入库：构建了本底、关联和位势三个层次的周边地缘环境指标体系：①地缘本底要素共有国家级指标 90 个（其中，社会经济 29 个，生态环境 19 个，战略资源 36 个，政治军事 6 个），省邦级指标 49 个（其中，社会经济 33 个，生态环境 2 个，战略资源 5 个，政治军事 9 个）；②关联要素包含国家级事件水文数据记录 193 条、经济合作指标 5 个，县级语言宗教指标 2 个，城市级贸易指标 2 个；③位势要素包含国家级指标 1 个。

第3章　中国周边地缘环境信息系统开发

在中国周边地缘环境信息数据库的基础上，我们在.NET平台下基于ArcObjects进行二次开发，开发了中国周边地缘环境信息系统原型，提供了中国周边地缘环境信息浏览、数据查询，以及基于这些数据的分析、评价和可视化等功能。系统的目标用户是从事地缘环境相关研究的研究人员、决策者和管理人员。本章将介绍该系统的技术架构与实现细节、算法原理，以及简明的系统配置和功能使用说明。

3.1　技术架构与实现

系统在逻辑上使用三层架构：控制器（Controller）、视图（View）和模型（Model），在模型和地缘环境数据库之间还有一个数据访问对象（data access object，DAO）负责数据的存取，如图3-1所示。下面分别介绍这三层架构和DAO的功能和实现。

系统原型在.NET平台下基于ArcObjects开发，这是一个桌面版的应用程序。系统开发环境为Microsoft Visual Studio 2010，使用C#语言进行开发。ArcObjects版本为10.0。网络化的今天，地理信息获取、分析与制图已经大众化，桌面版的GIS系统已经稍显过时，因此下一步的开发计划是将此桌面系统移植到Web端，以满足信息时代的需求。

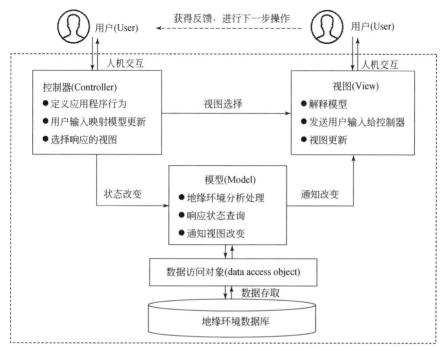

图 3-1　总体逻辑结构

3.1.1　数据访问对象

如图 3-2 所示，负责数据存取的数据访问对象（DAO）包括 3 个核心类：FileGDPConn、NonSpatialDataQuery 和 SpatialDataQuery。

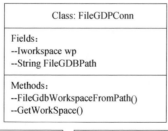

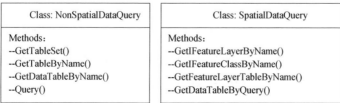

图 3-2　DAO 核心类和函数

1）数据库连接类：FileGDPConn，负责数据库连接，它包括两个核心函数，见表 3-1。

表 3-1　数据库连接类核心函数

序号	说明
1	【函数原型】privatevoid FileGdbWorkspaceFromPath（String path） 【函数功能】从指定路径打开文件 GDB 的工作空间
2	【函数原型】publicstatic IWorkspace GetWorkSpace（） 【函数功能】获取工作空间的唯一实例

2）非空间数据查询类：NonSpatialDataQuery，负责从地缘环境数据库中查询非空间数据，它包含 4 个核心函数（表 3-2）。

表 3-2　非空间数据查询类核心函数

序号	说明
1	【函数原型】public List<ITable> GetTableSet（IWorkspace wp） 【函数功能】传入工作空间对象，获取数据库中所有表，并以 List 集合返回
2	【函数原型】public ITable GetTableByName（String tname） 【函数功能】通过表名获取数据表，返回 AO 内置的表类型 ITable
3	【函数原型】public DataTable GetDataTableByName（String name） 【函数功能】通过表名获取数据表，返回 .NET 的表类型 DataTable
4	【函数原型】public DataTable Query（ITable table，List<String> fields，String whereClause，String orderedBy） 【函数功能】根据查询条件，以 DataTable 的形式返回满足条件的记录 【函数参数】table 为要查询的表；fields 可以指定查询结果中出现的字段，默认为所有字段都会出现在查询结果中；whereClause 为 SQL 语句指定查询条件；orderedBy 指定查询结果的排序

3）空间数据查询类：SpatialDataQuery，负责从地缘环境数据库中查询空间数据，它包含 4 个核心函数（表 3-3）。

表 3-3　空间数据查询类核心函数

序号	说明
1	【函数原型】public IFeatureLayer GetIFeatureLayerByName（IMapControl3 mapControl，string name） 【函数功能】通过名称获取要素图层，该函数有一个重载函数，可接收 mapControl 类型为 AxMapControl 的参数
2	【函数原型】public IFeatureClass GetIFeatureClassByName（IMapControl3 mapControl，string name） 【函数功能】通过名称获取要素类，该函数有一个重载函数，可接收 mapControl 类型为 AxMapControl 的参数
3	【函数原型】public ITable GetFeatureLayerTableByName（IMapControl3 mapControl，String name） 【函数功能】通过图层名称获取要素图层属性表
4	【函数原型】public DataTable GetDataTableByQuery（IFeatureLayer featureLayer，List<String> fields，String whereClause） 【函数功能】根据查询条件，以 DataTable 的形式返回满足条件的记录 【函数参数】featureLayer 为要查询的要素图层；fields 可以指定查询结果中出现的字段，默认为所有字段都会出现在查询结果中；whereClause 为 SQL 语句指定查询条件

3.1.2　模型

系统的模型 Model 包含三大类：数据查询模型、分析模型和制图模型。

如图 3-3 所示，系统包含 10 个分析模型。这 10 个模型都继承自同一个抽象类：GenericaAnalystModel。这个抽象类中规定了每个分析模型都必须实现的三个方法：①GetInputData（）加载当前分析模型所需的数据；②PerformAnalysis（）执行分析的主入口；③UpdateView（）分析完成以后进行视图更新的主入口。这些分析模型的详细算法将在 3.5 节中详细介绍。下面介绍数据查询模型和制图模型。

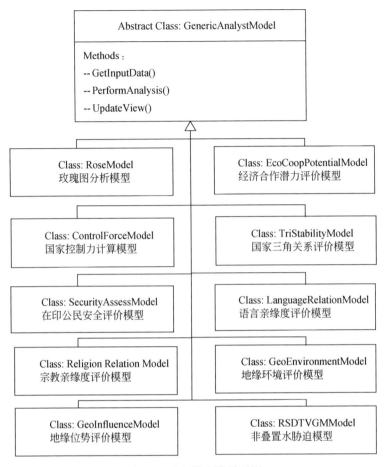

图 3-3　分析模型类关系图

数据查询模型负责完成用户对统计数据和事件数据的各类组合查询。对于统计数据查询来说，需要实现满足以下条件的查询：

1）指定一个或多个查询实体（国家或省邦级行政区）；

2）指定一个或多个查询时间（数据年份）；

3）指定一个或多个查询指标。

对于事件数据查询来说，需要满足以下条件的查询：

1）指定事件所涉及的国家；

2）指定事件类型；

3）指定事件级别。

制图模型负责将用户选择的指标数据用专题图的形式展现出来，其核心功能函数见表3-4。包括表连接、移除表连接、创建柱形图、创建分层设色图和创建唯一值图等。

表 3-4　制图功能核心函数

序号	说明
1	【函数原型】public void JoinTable（AxMapControl mapControl，String layerName，String joinField，String table）
	【函数功能】将指定数据库中的非空间表与地图中指定图层的属性表连接
	【函数参数】mapControl 为主地图控件；layerName 为地图中要连接的图层名称；joinField 为连接字段；table 为非空间表表名
2	【函数原型】public void RemoveJoin（AxMapControl mapControl，String layerName）
	【函数功能】移除指定图层的所有表连接
	【函数参数】mapControl 为主地图控件；layerNamer 为要移除表连接的图层名称
3	【函数原型】public void GenerateBarMap（AxMapControl mapControl，AxTOCControl tocControl，String layerName，String fieldName）
	【函数功能】创建指定字段的柱形图
	【函数参数】mapControl 为主地图控件；tocControl 为图层列表控件；layerName 为柱形图所依附的图层；fieldName 为要生成柱形图的字段
4	【函数原型】public void GenerateGraduatedColoredMap（AxMapControl mapControl，AxTOCControl tocControl，String layerName，String fieldName，int num_ classes）
	【函数功能】创建指定字段和分类数目的分层设色图
	【函数参数】mapControl 为主地图控件；tocControl 为图层列表控件；layerName 为柱形图所依附的图层；fieldName 为要生成分层设色图的字段；num_ classes 为分类数目
5	【函数原型】public void GenerateUniqueColoredMap（AxMapControl mapControl，AxTOCControl tocControl，String layerName，String fieldName）
	【函数功能】创建指定字段的唯一值地图
	【函数参数】mapControl 为主地图控件；tocControl 为图层列表控件；layerName 为柱形图所依附的图层；fieldName 为要生成唯一值图的字段名称

3.1.3　视图

视图（View）负责提供人机交互界面，让用户提供查询参数并呈现结果。与模型相对应，视图也分为三大类：数据查询视图、模型分析视图和制图可视化视图。由于每个模型所对应的视力各不相同，此处不一一列举，具体可参见后面的章节对系统的功能介绍。以下以统计数据查询视图为例来说明。

统计数据查询共包含三个视图：查询实体选择视图（图3-4）、查询指标和年份选择视图（图3-5），以及查询结果视图（图3-6）。

图 3-4　查询实体选择视图

查询实体选择视图以交互式的方式获取用户要查询的地理实体（国家或省邦级行政区）。该视图包含 4 个部分。

1）尺度选择：用户可以选择要查询国家或者省邦级行政区的数据。视图默认以国家级为地理尺度进行数据查询。

图 3-5　查询指标和年份选择视图

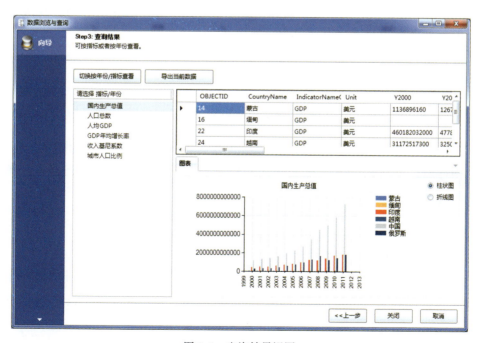

图 3-6　查询结果视图

2）地理实体选择：当用户选择一种地理尺度时，可供查询的实体便会在此处列出，在每一个实体前有一个复选框，勾选可以选中该实体。

3）地图选择：该部分提供与上面列表选择实体同样的功能，所不同的是地理实体以地图的形式展现，用户可以用鼠标点击某个地理实体以选中或取消选中，也可以框选同时选中多个，或者按住 Shift 键点击以选中多个不连续的实体。

4）已选列表：该部分列出了用户已经选择的实体。

不仅如此，该视图需要将这 4 个部分进行联动，以实现以下功能。

1）当用户改变地理尺度时，刷新地理实体列表并使所有实体处于未选中状态、刷新地图显示并使所有国家/省邦处于未选中状态、消除已选列表。

2）当用户在地理实体列表中勾选某个国家/省邦时，地图选择部分应该将该实体高亮显示，同时将该实体加入右侧已选列表；当用户在地理实体列表中取消勾选某个国家/省邦时，地图中该实体应该取消高亮，同时将该实体从已选列表中移除。

3）类似地，当用户是通过地图选择或取消选择国家/省邦时，左侧的列表和右侧的已选列表也应同步更新。

当用户选择实体完毕点击下一步进入查询指标和年份选择视图。该视图分为如下两部分。

1）左侧是指标信息列表，以树状结构列出了与上一步选择的地理尺度相对应的指标（即国家级指标和省邦级指标不完全相同），同时在每一个指标右边显示关于该指标的描述。每一个指标前面有一个复选框，点击以勾选或取消选择该指标。

2）右侧是年份选择，用以选择一个或多个年份进行查询。

由于这两部分之间相互独立，因此它们之间不需要联动。

当用户选择了指标和年份以后，可以点击"上一步"返回到上一个视图重新选择要查询的地理实体，也可以点击"确定查询"进行查询并进入查询结果视图。

查询结果视图包含三个部分：

1）指标/年份列表，该部分列出了上一步中用户选择的指标；

2）数据表，该部分以表格形式展现了用户在左侧选择的指标的数据；

3）图表，该部分以柱状图或者折线图的形式展现了当前指标和地理实体的数据分布情况。

3.1.4　控制器

控制器（Controller）负责将用户的操作转化为程序逻辑并交由模型去实现，以及选择相应的视图将模型结果展现给用户。

3.2　运行环境

3.2.1　硬件环境和配置要求

计算机配置为中高档台式机或笔记本电脑，最低硬件配置如下：

CPU：奔腾四核 2GHz 以上；

内存：≥2G；

硬盘：≥15 GB 剩余空间；

显卡：独立显卡，显存≥512 MB；

屏幕分辨率：≥1024*768；

鼠标器：任何 Windows 支持的鼠标器。

3.2.2　软件环境和配置要求

计算机软件环境和配置要求如下：

操作系统：≥Windows 7；

其他配置：ArcGIS Desktop 10.0 版本，Microsoft . Net Framework 4.0。

3.3　系统界面与功能简介

3.3.1　系统界面

系统主界面如图 3-7 所示，这是一个支持同时打开多个地图文档的系统。

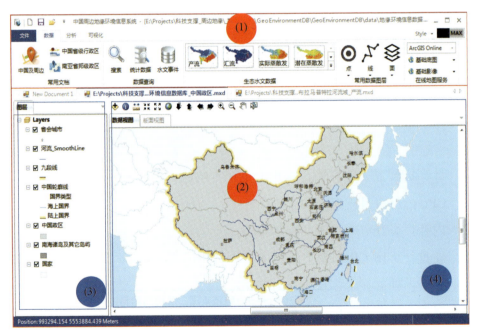

图 3-7　系统主界面

（1）功能菜单面板

采用类似 Office 的 Ribbon 样式，分为"文件"、"数据"、"分析"和"可视化"四大部分。面板顶部显示了当前活动文档的目录和名称。双击面板标题或点击右侧的 ■■■ **MAX** 符号可以收起面板或者放下面板。点击右侧的 Style 按钮可以设置系统界面的不同风格。系统预定义了 11 种界面风格，如图 3-8 所示。

图 3-8　多种界面风格切换

（2）地图文档界面

主界面的下半部分为地图文档界面。文档标题位于功能菜单面板和地图中间。点击文档标题可以在不同的文档之间进行切换，点击标题前面的"🅇"可以关闭文档（图 3-9）。在任意时刻只有一个文档处于激活状态，菜单栏上的某些功能（比如添加数据图层）只能应用于当前活动的文档。主界面最下方的状态栏显示了当前鼠标所在位置的坐标。

图 3-9　多地图文档标签

（3）图层面板

地图文档左侧列出了当前地图的所有图层。用鼠标拖曳图层可以调整图层的上下顺序。

（4）地图面板

地图面板提供两种视图：数据视图和版面视图。数据文档默认在数据视图中展示。某些打开的文档默认使用版面视图以提供图表标题、图例等更详细的制图信息。地图面板上方有工具条，点击不同的工具可进行添加图层、移动和缩放地图等操作（图3-10）。切换到版面视图时会提供应用于版面视图的工具条，该工具条针对页面的移动和缩放操作（而不更改地图内容本身）。

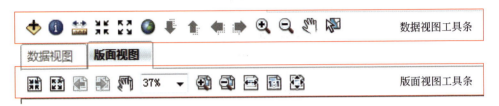

图 3-10　地图面板与工具条

3.3.2　系统功能

数据功能面板分为五个部分：常用文档、数据查询、生态水文数据、常用数据图层和在线地图服务。提供数据加载、查看、查询等功能，如图3-11所示。

图 3-11　数据面板功能菜单

分析模块分为四大部分：玫瑰图、经济与三边关系评价、安全评价和地缘环境综合评价（图3-12）。下面分别介绍这四大分析功能的使用。

图 3-12　分析面板功能菜单

可视化功能面板包括两大部分：专题制图和 Cartogram （变形地图），如图 3-13 所示。

图 3-13　可视化面板功能菜单

系统的主要功能见表 3-5。

表 3-5　系统功能

功能		说明
数据	数据加载与显示	1. 加载与显示本地数据库中的矢量数据（点、线、面数据）； 2. 加载与显示本地数据库中的栅格数据，包括雅鲁藏布江–布拉马普特拉河流域的社会经济用水要素（9 个指标，年尺度）、水资源要素（6 个指标，年尺度）、社会经济需水（2001～2012 年月尺度）、产流（2006～2012 年月尺度）和水压力（2006～2012 年月尺度）数据； 3. 加载与显示在线地图底图服务（ArcGIS Online）数据
	地图浏览基本功能	1. 多地图文档、多界面风格显示； 2. 地图图层显示与调整； 3. 数据视图和版面视图显示与切换； 4. 地图浏览基本操作（平移、放大、缩小、识别、测距、要素选取）

续表

功能		说明
分析	统计数据查询	1. 按国家级尺度和南亚省邦级尺度进行查询； 2. 按通过勾选或者地图点选/框选的方式选择要查询的地理实体； 3. 按尺度（国家/省邦）、统计指标、年份进行组合查询； 4. 按指标和年份查看查询结果； 5. 按查询结果导出成 .xls 文件
	水文事件查询	1. 按国家、事件类型和级别进行组合查询； 2. 将查询结果导出成 .xls 文件
	玫瑰图分析	1. 按单指标、综合指标方式生成南亚省邦级尺度指标的玫瑰图； 2. 生成的玫瑰图叠加在地图上
	经济合作与三边关系评价	1. 交互式计算经济合作潜力指数； 2. 交互式计算国家控制力； 3. 交互式计算三角稳定系数
	公民安全评价	中国公民在印各邦风险系数评价
	亲缘度评价	1. 中印边境地区与藏语亲缘度评价； 2. 中印边境地区与藏传佛教亲缘度评价
	国家综合实力评价、地缘环境评价	1. 自动生成评价值； 2. 调节指标权重后生成评价值； 3. 多视图联动显示评价结果
可视化	地缘环境专题地图	1. 中国与周边国家基本状况； 2. 中国和南亚地区经济关联度评价； 3. 中国和南亚地区跨境人口地缘安全评价； 4. 中印跨境水资源安全评价； 5. 地缘位势评价与南亚地缘环境特征； 6. 南亚地缘环境单元划分
	变形地图	综合实力评价结果的变形地图显示
	专题制图	交互式生成各指标的分层设色图，包括国家级和省邦级指标

3.4 数据加载与查询

3.4.1 数据加载

可通过以下几种方式加载数据。

1）点击菜单功能面板上方的打开文档按钮📂打开 ArcGIS 10.0 及以下版本的 MXD 文档。

2）点击地图工具栏的数据加载按钮✚向地图中添加数据。

3）点击"常用文档"或"生态水文数据"打开预定义的地图文档。

4）点击"常用数据图层"中对应的点、线、面按钮加载常用地图图层。

5）点击"在线地图服务"可加载 ArcGIS Online 的在线底图。

3.4.2 统计数据查询

点击"数据查询"组中的"统计数据"弹出"数据浏览与查询"窗口，可进行数据统计数据查询，步骤如下。

第一步，选择要查询的地理实体（图 3-14）。在窗口左侧选择要查询的地理尺度：国家级或者省邦级。在列表中勾选要查询的地理实体，已选择的地理实体在右侧的面板中列出，同时会在地图中高亮显示。也可以先选择"Select Features"工具直接在地图中点选或框选要查询的地理实体。注意：按住 Shift 键可多选。选择完成以后点击右下角"下一步"进入下一步操作。

第二步，选择查询指标和年份（图 3-15）。窗口中列出了数据库中所有的指标，以及每一个指标的描述信息，可直接勾选要查询的指标。完成以后在右侧选择要查询的年份。点击"确定查询"。

图 3-14　数据查询第一步：选择要查询的地理实体

图 3-15　数据查询第二步：选择查询指标和年份

第三步，查询结果（图3-16）。结果面板中显示了对应前两步查询条件得到的结果。选择一个指标后，表格中显示相应指标在指定年份的数据，图表区显示该指标的柱状图或者折线图。点击"切换按年份/指标查看"按钮可以在以指标为主和以年份为主的方式之间进行切换。点击"导出当前数据"可将当前表格中的数据导出成 Excel 格式的文件。

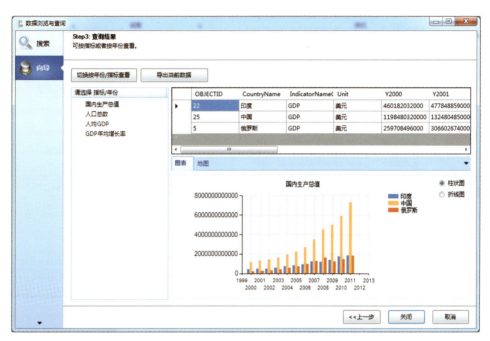

图 3-16　数据查询第三步：查询结果

3.4.3　水文事件查询

点击"水文事件"按钮打开水文事件数据查询窗口。可通过国家、事件类型或者事件级别对结果进行过滤（图3-17）。

图 3-17　水文事件查询窗口

3.5　分析功能

3.5.1　玫瑰图分析

（1）算法原理

玫瑰图是一种综合对比分析和评价各组成要素的方法，玫瑰图角度代表方向；圆圈的一组同心圆代表频距。以线段依次连接相邻点，形成折线闭环，构成玫瑰图（图 3-18）。

1）某区域某指标的长度（L_{ij}）：

$$L_{ij} = \frac{A_{ij} - \min(A_{ij})}{\max(A_{ij}) - \min(A_{ij})} \tag{3-1}$$

式中，A 为数量；i 为某个区域；j 为某个指标。

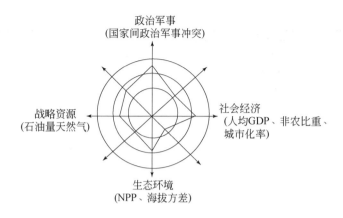

图 3-18　玫瑰图示例

2）该区域的某指标体系的长度为

$$| \vec{L}_{(\theta_i)} | = \sum_{j=1} W_j \cdot L_{ij} \qquad (3\text{-}2)$$

式中，$| \vec{L}_{(\theta_i)} |$ 为区域 i 中指标向量 L 的模；W_j 为指标 j 的权重；L_{ij} 为区域 i 中指标 j 的长度；θ_i 指区域 i 的指标体系。

3）某区玫瑰图单块面积：

$$S_{(\theta_i)} = \frac{1}{2} \cdot \vec{L}_{(\theta_i)} \cdot \vec{L}_{(\theta'_i)} \cdot \sin 45° \qquad (3\text{-}3)$$

4）某区整个玫瑰图面积 S_i：

$$S_i = \sum_{i=1}^{8} S_{(\theta_i)} \qquad (3\text{-}4)$$

玫瑰图分析之前需要加载南亚省邦级数据图层。

（2）玫瑰图生成

可以通过三种方式生成玫瑰图：单指标、综合指标和多指标。下面以单指标为例说明，其他的生成方法与此类似。

点击单指标按钮，选择"社会经济"，接下来需要在弹出的窗口中定义 4 个方向的指标（图 3-19）。

点击数据导入一列的"+"号，在弹出的数据导入对话框中选择一个邦，以及一个字段，最后选择这个字段的指标方向 [图 3-20（a）]，点击

	指标方向	指标名称	统计数据	MAX	MIN	数据导入
►	0°	指标1	60	100	0	+
	90°	指标2	60	100	0	+
	180°	指标3	60	100	0	+
	270°	指标4	60	100	0	+

○ 0°指标　○ 45°指标　○ 90°指标　○ 135°指标　○ 180°指标　○ 225°指标　○ 270°指标　○ 315°指标

确定　　取消

图 3-19　单指标体系生成玫瑰图

确定。依次完成 90°、180° 和 270° 的指标选取。点击确定，得到玫瑰图 [图 3-20（b）]。

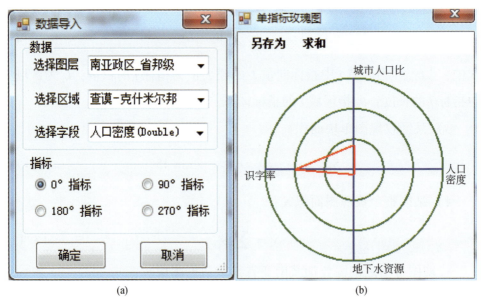

(a)　　　　　　　　　　　　　　(b)

图 3-20　数据导入（a）和单指标体系生成的玫瑰图（b）

（3）区域划分

点击"区域划分"按钮，选择一种划分方法，比如"面积划分"。在弹出的指标选择对话框中选择至少一个指标，点击确定，得到南亚邦级区域划分结果图（图 3-21）。

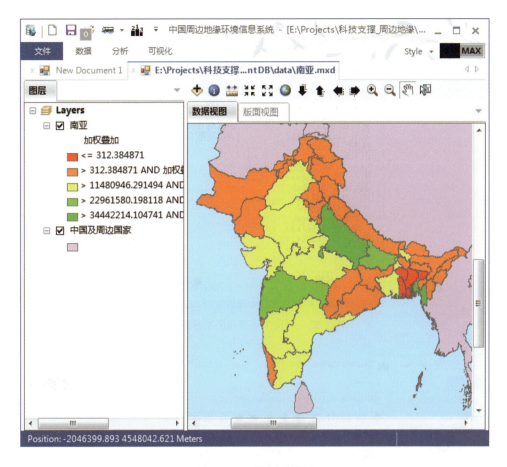

图 3-21　区域划分结果

（4）玫瑰图挂接地图

点击"玫瑰图挂接"按钮，系统会自动打开南亚邦级行政区地图。在弹出的对话框中选择玫瑰图方向、指标体系以及选择对应个数的指标（图 3-22）。点击确定，生成每个邦的玫瑰图并挂接在每个邦对应的位置上（图 3-23）。

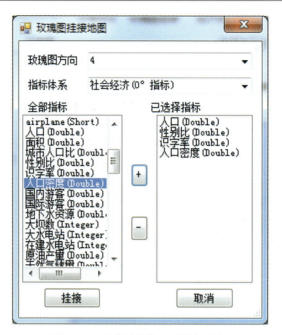

图 3-22 玫瑰图挂接地图指标选择

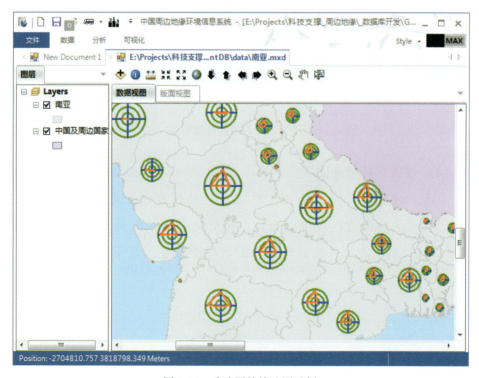

图 3-23 玫瑰图挂接地图示例

3.5.2　经济合作潜力评价

（1）算法原理

经济合作潜力评价算法源自吴殿廷等（2014），现简要介绍如下。

经济合作潜力取决于双方的便捷性、友好性、互补性等，计算公式为

$$K_{ij} = L_{ij} \times H_{ij} \times Y_{ij} \tag{3-5}$$

式中，K_{ij} 为 i，j 两国之间的单位规模合作潜力系数；L_{ij}，H_{ij}，Y_{ij} 分别为二者之间的便捷系数、互补系数和友好系数。在单位规模合作潜力系数的基础上，把经济活动的规模考虑进来，即可得到合作潜力指数。以下步骤即为分别计算便捷系数、友好系数和互补系数。

1）便捷系数。便捷系数 L_{ij} 赋值思路如下：取南亚五国首都及重要城市（印度：新德里、孟买、加尔各答；巴基斯坦：伊斯兰堡、卡拉奇；尼泊尔：加德满都；不丹：廷布；孟加拉国：达卡、吉大港），分别测量其与北京、上海、广州的直线距离，取算术平均值，作为该国与中国的平均距离。将平均距离归一化，即得到便捷系数。

2）友好系数。交往便捷并有很好的经济互补性，只是为双方合作提供了基本的前提，还不能成为合作的必然条件。测算国家之间的经济合作潜力，还要考虑各自双方之间的友好关系及其发展前景。可使用"友好系数"来度量双方友好合作的态势。这个因素很难直接定量，只能采取专家打分的办法来进行赋值。

3）互补系数。两国之间的合作，在其他条件相同的情况下，互补性越大，合作的必要性和可能性也越大。互补性可以通过多种途径进行测算。取两个向量的夹角余弦为相似性的指标，而用"1-相似系数"作为互补性的度量，即

$$H_{ij} = 1 - \cos\alpha_{ij} = \left(\sum_{k=1}^{n} x_{k_i} x_{k_j} \right) \Big/ \left(\sum_{k=1}^{n} x_{k_i}^2 \times \sum_{k=1}^{n} x_{k_j}^2 \right)^{\frac{1}{2}} \tag{3-6}$$

式中，H_{ij} 为 i 国与 j 国之间的合作系数；$\cos\alpha_{ij}$ 为 i 国与 j 国相关指标构成的

向量之间的夹角余弦；x_{k_i} 为 i 国第 k 个指标的值。互补性表现在多方面，我们主要关注产业结构方面的互补性，因此选取三次产业的人均增加值作为要素进行计算。

4）经济合作潜力指数。单位规模合作潜力系数只是个相对概念，是相对于单位产品或产值规模而言的。下面把各国的经济和贸易的规模考虑进来，进一步测算其总体的合作潜力，且称其为合作潜力指数。计算方法为

$$P_{ij} = kg_{ig}Y_{ij} \tag{3-7}$$

式中，P_{ij} 为 i 国与 j 国之间经济合作潜力指数；k 为平衡常数；q_{ij} 为单位规模合作潜力系数；Y_{ij} 为两国经济合作的规模系数。

$$Y_{ij} = \sqrt{Y_i Y_j} \tag{3-8}$$

式中，Y_i 和 Y_j 分别为 i 国和 j 国的对外贸易额与 GDP 乘积的平方根。

（2）操作过程

点击"经济合作潜力"按钮，打开经济合作潜力工具条（图3-24）：

图 3-24　经济合作潜力评价工具条

1）点击信息录入菜单下的"国家信息录入"，在弹出的对话框中录入国家及相关城市信息以计算主国家和关联国家之间的便捷系数。注意城市名称之间使用半角英文逗号隔开。输入完成后点击确定（图3-25）。

2）点击信息录入菜单下的"便捷性原始数据"，在弹出的对话框中填写两两城市之间的距离（图3-26），输入完成后点击确定。

3）点击信息录入菜单下的"友好系数数据"，在弹出的对话框中填入每个国家的友好系数分值（图3-27），输入完成后点击确定。

4）点击信息录入菜单下的"互补性原始数据"，在弹出的对话框中填入数据，如图3-28所示。

图 3-25　国家信息录入

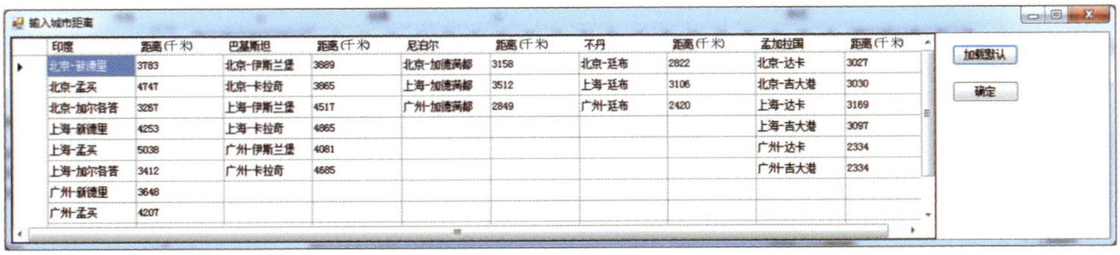

图 3-26　便捷性原始数据输入

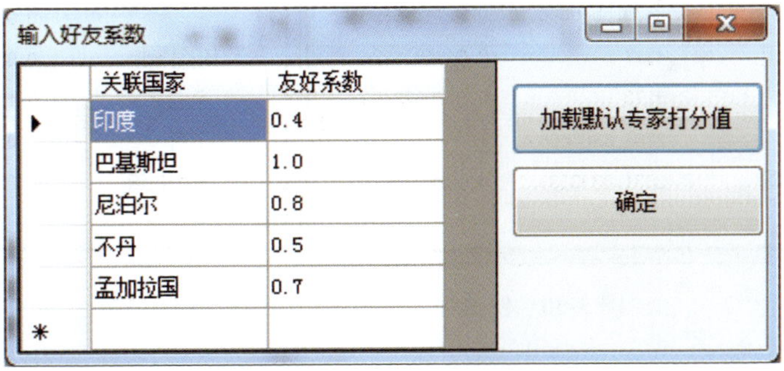

图 3-27　友好系数录入

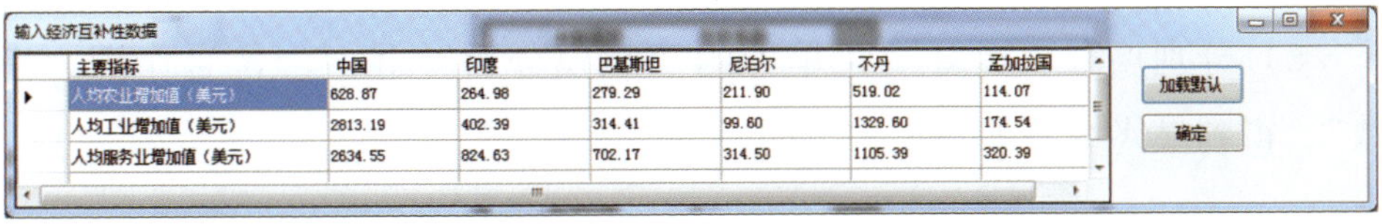

图 3-28　互补性原始数据录入

5）点击信息录入菜单下的“经济贸易数据”，输入 GDP 和贸易总额信息（图 3-29），输入完成后点击确定。

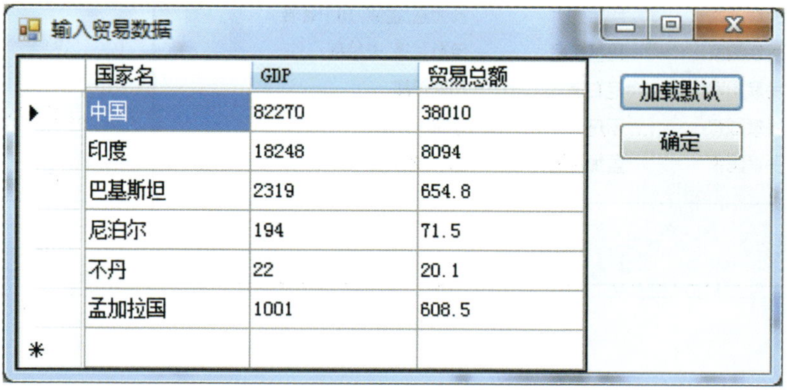

	国家名	GDP	贸易总额
▶	中国	82270	38010
	印度	18248	8094
	巴基斯坦	2319	654.8
	尼泊尔	194	71.5
	不丹	22	20.1
	孟加拉国	1001	608.5
*			

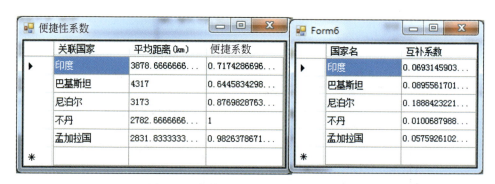

图 3-29　经济贸易数据录入

6）分别点击“运算”菜单下的“便捷性分析”和“互补性”分析，结果如图 3-30 所示。

	关联国家	平均距离(km)	便捷系数
▶	印度	3878.6666666...	0.7174286696...
	巴基斯坦	4317	0.6445834298...
	尼泊尔	3173	0.8769828763...
	不丹	2782.6666666...	1
	孟加拉国	2831.8333333...	0.9826378671...
*			

	国家名	互补系数
▶	印度	0.0693145903...
	巴基斯坦	0.0895561701...
	尼泊尔	0.1888423221...
	不丹	0.0100687988...
	孟加拉国	0.0575926102...
*		

图 3-30　便捷性分析和互补性分析结果

7）点击“运算”菜单下的“单位合作规模潜力系数”得到如下结果，如图 3-31 所示。

8）分别点击“运算”菜单下的“规模分析”和“经济合作潜力指数”，得到最终结果如图 3-32 所示。

国家名	便捷系数	友好系数	互补系数	单位规模合作潜力系数
印度	0.7174286696...	0.4	0.0693145903...	0.0198913097...
巴基斯坦	0.6445834298...	1	0.0895561701...	0.0577264233...
尼泊尔	0.8769828763...	0.8	0.1888423221...	0.1324891863...
不丹	1	0.5	0.0100687988...	0.0050343994...
孟加拉国	0.9826378671...	0.7	0.0575926102...	0.0396148758...

图 3-31　单位合作规模潜力系数分析结果

关联国家	平衡常数 (a)	单位规模合作潜力系数	规模系数（亿美元）	经济合作潜力指数（亿美元）
印度	1	0.0198913097...	26069.305399...	518.55262799...
巴基斯坦	1	0.0577264233...	8301.1296441...	479.19452386...
尼泊尔	1	0.1324891863...	2566.3257680...	340.01041280...
不丹	1	0.0050343994...	1084.4000433954	5.4593029335...
孟加拉国	1	0.0396148758...	6606.3032720...	261.70788376...

图 3-32　经济合作潜力指数分析结果

3.5.3　国家控制力计算

（1）算法原理

国家控制力计算原理来源于吴殿廷等（2015），现简要介绍如下。

对于双方外交来说，控制力就是双方综合实力的简单对比。设 P_A 是 A 的综合实力，P_B 是 B 的综合实力，则

A 的控制力（K_A）：

$$K_A = P_A/(P_A + P_B) \tag{3-9}$$

B 的控制力 K_B：

$$K_B = P_B/(P_A + P_B) \tag{3-10}$$

对于三方外交来说，控制力不仅与综合实力有关，还与当事国与其他两国之间的友好性有关。设 A、B、C 的综合实力分别为 P_A、P_B 和 P_C，两国之间的友好性对称，且 A、B、C 之间的友好系数（外交距离的倒数）分别是 y_{AB}、y_{AC}、y_{BC}。

A 的控制力：

$$K_A = P_A \times (y_{AB} + y_{AC})/[P_A(y_{AB} + y_{AC}) + P_B(y_{AB} + y_{BC}) + P_C(y_{AC} + y_{BC})] \tag{3-11}$$

B 的控制力：

$$K_B = P_B \times (y_{AB} + y_{BC})/[P_A(y_{AB} + y_{AC}) + P_B(y_{AB} + y_{BC}) + P_C(y_{AC} + y_{BC})] \tag{3-12}$$

C 的控制力 K_C：

$$K_C = P_C \times (y_{AC} + y_{BC})/[P_A(y_{AB} + y_{AC}) + P_B(y_{AB} + y_{BC}) + P_C(y_{BC} + y_{AC})] \tag{3-13}$$

（2）操作过程

点击"经济与三边关系评价"菜单组中的"友好系数"按钮，打开友好系数计算窗口。在表格中输入数据（图3-33）或者通过点击"文件"->"导入数据"导入源数据，点击"运算"->"控制力"，计算结果就会显示在窗口下方。

图 3-33　国家控制力计算窗口

3.5.4　三角稳定关系评价

国家的三角稳定关系定量计算借鉴于三角稳定原理，具体算法参见文献（吴殿廷等，2015），在此不再赘述。

点击"经济与三边关系评价"菜单组中的"三角稳定"，分别导入"国家情况 . txt"和"控制力"两个文件，选取需要计算稳定度的三个国家，点击"运算"，结果将显示在窗口下方的表格里，如图 3-34 所示。

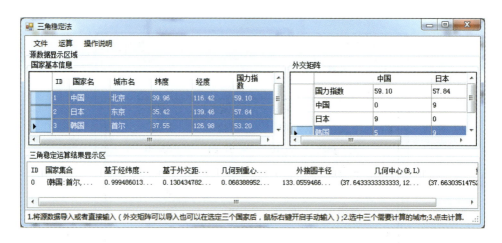

图 3-34　国家三角稳定关系评价窗口

3.5.5　中国公民在印度各邦安全系数评价

（1）算法原理

我们收集了印度各邦内的各种犯罪率，综合反映出印度境内各地区的安全主要是根据中国十大旅行社在印度旅游线路的分布数据，将中国公民的安全状况作为自变量。评价模型中将印度各邦犯罪发生率作为致害因子，将中国公民在各邦出现的可能度作为风险承载度，从而确定各邦中国公民遭遇犯罪侵害的风险系数。

中国公民在印度 j 邦，遭到第 i 种犯罪侵害的风险度系数为

$$S_{ij} = K_j C_{ij} \tag{3-14}$$

式中，C_{ij} 为第 j 邦，第 i 种犯罪的发案率；K_j 为 j 邦的修正系数（中国游客空间分布密度决定的受害易发度）。需要说明的是，本研究基本没有考虑自然灾害、交通安全等因素。

（2）操作过程

点击分析面板中的"公民安全"按钮，在弹出的窗口中依次选择"地区获罪率指标"和受害易发度系数指标"相对应的指标，如图 3-35 所示。点击"计算"，得到计算结果如图 3-36 所示。点击"加载到地图"可打开专题地图查看计算结果。

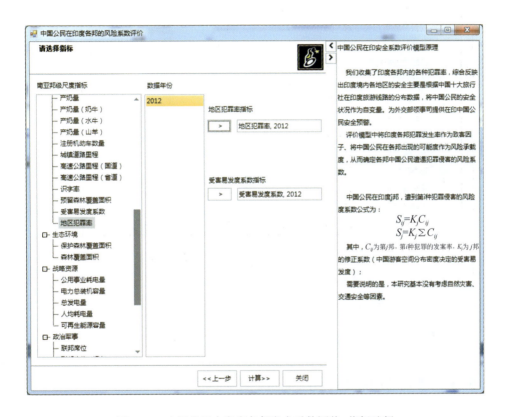

图 3-35　中国公民在印度各邦安全系数评价–指标选择

图 3-36　中国公民在印度各邦安全系数评价计算结果

3.5.6　语言亲缘度评价

（1）算法原理

对语言亲缘度定义为：表示某一语言种 S（start point）与另一语言种 D（destination point）在遗传上亲缘的程度或者具有相似性的概率。

将印度境内的跨境民族语言与中国一侧汉藏语系—藏缅语族—藏语支—藏语种四级体系内进行比较，从而构筑跨境民族语言亲缘度评价模型。

具体采用亲缘系数 RL（relation of languages），根据生物学原理计算旁系亲属亲缘关系。我们设计了 RL 计算公式为

$$RL = 2 \times \left[(1/2)N \right] \tag{3-15}$$

式中，RL 为某一语言 S 与 D 间的亲缘系数；在本研究中，S 为藏语，D 为中国实际控制线外侧某区域的语言；N 为语言 S 和 D 之间的语言差异度。

本研究根据评价原理，设计语言亲缘系数的记分规则（图 3-37）如下：①不同语系 0 分；②相同语系 1 分；③相同语系且相同语族 2 分；④相同语系、相同语族、相同语支 3 分；⑤相同语系、相同语族、相同语支、相同语种 4 分。

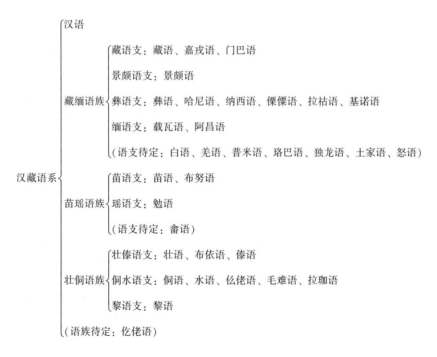

图 3-37　中国跨境民族地区的汉藏语言谱系分布及支系图《不列颠百科全书》

此外，考虑到每个县有不同的民族，每个民族的人口比重不同，因此我们设计式（3-16），将每个县与藏族文化亲缘度最高的民族在该县域单

元起的作用用百分数表示，检验不同比重下中印跨境地区的语言和宗教亲缘度情况：

$$RL_m = 2 \times \left[(1/2)N \right] \cdot (p_m/P) \qquad (3\text{-}16)$$

式中，N 为宗教 S 和 D 之间的差异度；p_m 为操语言 m 的人口数；P 为县域人口数。

（2）操作过程

点击"跨境民族安全"下的"中印边境地区与藏语亲缘度评价"子菜单，打开语言亲缘度评价窗口，如图 3-38 所示。依次选择"和各语族亲缘度系数""操和语言人口数"和"各县总人口数"相对应的指标和年份，点击"下一步"，弹出的窗口显示了中印边境地区各县的主要语言、语言类属、各语言与藏语亲缘度系数、操语言的人口总数、操该语言的人口总数占全县人口比重，以及该语言与藏的亲缘度等指标数据，如图 3-39 所示。点击"计算亲缘度"按钮，显示各语言与藏语的亲缘度计算结果，如图 3-40 所示。点击"加载到地图"可打开专题地图查看计算结果。

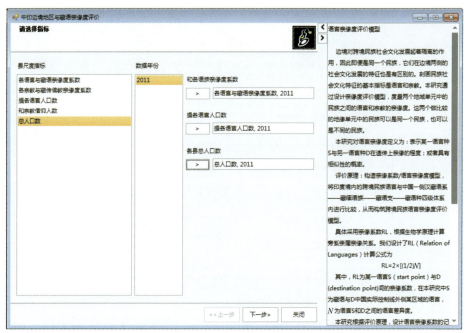

图 3-38　中印边境地区与藏语亲缘度评价窗口

图 3-39 中印边境地区与藏语亲缘度评价原始数据

图 3-40 各语言与藏语亲缘度计算结果

3.5.7 宗教亲缘度评价

（1）算法原理

宗教之间的亲缘度公式：

$$RR = 2 \times [(1/2)N] \qquad (3-17)$$

式中，RR 为某一宗教 S（sample language）与另一宗教 D（destination language）间的亲缘系数；在本研究中 S 为佛教中的喇嘛教；D 为中国实际控制线外侧某区域的宗教；N 为宗教 S 和宗教 D 之间的差异度。

本研究根据评价原理，设计宗教亲缘系数的记分规则如下：①不同宗教 0 分；②相同宗教 1 分；③相同宗教、相同宗教大分支 2 分；④相同宗教、宗教大分支、相同宗教小分支 3 分。

具体来看，在本研究中，S 为藏传佛教中的黄教。它与印度教（Hinduism）的 RR 为 0，与伊斯兰教（Muslim）的 RR 为 0，与印度佛教（Buddhism）的 RR 为 1，与基督教（Christian）的 RR 为 0，与锡克教（Sikhism）的 RR 为 0，与耆那教（Jainism）的关系为 0。

此外，考虑到每个县有不同的民族，每个民族的人口比重不同，因此我们设计式（3-18），将每个县与藏族文化亲缘度最高的民族在该县域单元起的作用用百分数表示，显示不同比重下中印跨境地区的语言和宗教亲缘度情况。

$$RR_m = 2 \times [(1/2)N] \cdot (d_m/P) \qquad (3-18)$$

式中，N 为宗教 S 和 D 之间的差异度；d_m 为信仰宗教 m 的人口数；P 为县域人口数。

（2）操作过程

点击"跨境民族安全"下的"中印边境地区与藏传佛教亲缘度评价"子菜单，打开宗教亲缘度评价窗口，如图 3-41 所示。依次选择"和各宗教亲缘度系数""信仰该宗教人口数"和"各县总人口数"相对应的指标和年份，点击"下一步"，弹出的窗口显示出各县的主要宗教、该宗教与藏传佛教的亲缘度系数、信仰该宗教的人口数以及该宗教与藏传佛教的亲缘度等数据，如图 3-42 所示。点击"计算亲缘度"按钮，显示各县与藏传佛教亲缘度计算结果，如图 3-43 所示。点击"加载到地图"按钮，可打开专题地图查看计算结果。

图 3-41 中印边境地区与藏传佛教亲缘度评价

图 3-42 中印边境地区与藏传佛教亲缘度评价原始数据

图 3-43 中印边境地区与藏传佛教亲缘度评价结果

3.5.8 地缘环境评价

（1）算法原理

地缘环境评价算法源自胡志丁等（2013b），现简要介绍如下。

根据地缘环境的定义和分类，地缘环境评价的一级指标体系由地理环境、地缘关系和地缘结构三部分组成。地理环境的二级指标评价体系由自然环境、人口经济环境和社会文化环境构成；地缘关系的二级指标评价体系由地缘政治军事关系、地缘经济关系和地缘社会文化关系构成；地缘结构则由地缘政治军事结构、地缘经济结构和地缘空间结构构成。每一个二级评价指标又由若干三级的具体评价指标组成（表3-6）。

表 3-6　地缘环境评价指标体系

一级评价指标集合	二级评价指标集合	具体评价指标
U₁：地理环境 (1/9)	**U₁₁**：自然环境（1/7）	U_{111}：森林覆盖面积比例（0.122） U_{112}：城市污染（0.320） U_{113}：国土面积（0.558）
	U₁₂：人口经济环境（4/7）	U_{121}：人均 GDP（0.223） U_{122}：收入基尼系数（0.061） U_{123}：GDP 年均增长率（0.188） U_{124}：人口总量（0.435） U_{125}：城市人口比例（0.093）
	U₁₃：社会文化环境（2/7）	U_{131}：平均受教育年限（0.172） U_{132}：出生时预期寿命（0.083） U_{133}：孕产妇死亡比率（0.051） U_{134}：未成年人生育率（0.023） U_{135}：接受过中等教育的人口比例（0.472） U_{136}：公共教育支出（0.163） U_{137}：医疗卫生支出（0.036）
U₂：地缘关系 (5/9)	**U₂₁**：地缘政治军事关系 (4/7)	U_{211}：国家间的政治军事冲突（0.528） U_{212}：国家间的领土冲突（0.332） U_{213}：国家间跨界河流冲突（0.14）
	U₂₂：地缘经济关系（2/7）	U_{221}：与南亚国家第一大进口国贸易所占比重（0.166） U_{222}：与南亚国家第一大出口国贸易作占比重（0.166） U_{223}：与南亚国家贸易额占其总贸易额的比例（0.668）
U₃：地缘结构 (3/9)	**U₂₃**：地缘社会文化关系 (1/7)	U_{231}：国家宗教信仰冲突（0.333） U_{232}：国家间的民族冲突（0.667）
	U₃₁：地缘政治军事结构 (4/7)	U_{311}：各国国家政治军事实力所占南亚比重
	U₃₂：地缘经济结构（2/7）	U_{321}：各国国家经济总量所占南亚比重
	U₃₃：地缘空间结构（1/7）	U_{331}：各国所处南亚地理位置的重要性

注：受过中等教育的人口比例分为男性和女性，数据取两者归一化的平均值；地缘关系中的各指标计算采用各国与南亚每一个国家的地缘关系评估指标的累积，表示每一国与南亚的总体地缘关系；表内括号中的数据为各等级指标的权重，采用 AHP 决策分析方法计算获得。

　　地缘社会文化关系中的宗教信仰冲突、民族冲突，地缘政治军事关系中的国家间的政治军事冲突、领土冲突、跨界河流冲突采用国际关系学中的事件评价法，具体评价细节可以参考阎学通和周方银（2004）发表在《中国社会科学》上的"国家双边关系的定量衡量"一文，评价公式如下：

$$I = \begin{cases} \dfrac{N - p_0}{N}I_0, & \text{当 } I_0 \geqslant 0 \\[2ex] \dfrac{N + p_0}{N}I_0, & \text{当 } I_0 < 0 \end{cases} \tag{3-19}$$

式中，I 为事件位于 p_0 时的分值；N 为地缘关系计算变化范围的最大值；p_0 为事件发生时地缘关系的初始值；I_0 为事件在时间分值表中的分值。

模型具体的评价方法采用模糊综合评价和 AHP 决策分析相结合的方法。AHP 决策分析方法主要用在各级评价指标的权重确定，模糊综合评价法用来计算地缘环境综合值。AHP 决策分析方法的计算原理如下：假设有 n 个物体 A_1，A_2，$\cdots$，A_n，它们的重量分别记为 W_1，W_2，$\cdots$，W_n。现将每个物体的重量两两进行比较，得到其判断矩阵 A。若取重量向量 $W = [W_1，W_2，\cdots，W_n]^T$，则有：$AW = nW$。$W$ 是判断矩阵 A 属于特征值 n 的一个特征向量，也是所需要求解的权重。

$$A = \begin{bmatrix} W_1/W_1, & W_1/W_2, & \cdots, & W_1/W_n \\ W_2/W_1, & W_2/W_2, & \cdots, & W_1/W_n \\ & & \vdots & \\ W_n/W_1, & W_n/W_2, & \cdots, & W_n/W_n \end{bmatrix}$$

而由于在实际操作中指标两两比较之间存在误差，需要做判断矩阵的一致性检验，检验的方法如下：

$$CI = \frac{\lambda_{max} - n}{n - 1} \tag{3-20}$$

式中，λ_{max} 为实际计算出的最大特征向量，当 $CI = 0$ 时，判断矩阵具有完全的一致性；反之，CI 越大，则判断矩阵的一致性就越差。具体的特征值和特征向量的计算方法可以参考索尔·科恩（2011）的和积法和方根法，本研究选取了和积法，各级权重分别记为 W_{ij}，W_i 和 W。

各级指标权重确定后，对地缘环境的具体评价指标进行归一化的处理。如果 U_{ijk} 是越大越优型，则令

$$a_{ijk}^{(s)} = [u_{ijk}^{(s)} - u_{ijk}^{(\min)}] / [u_{ijk}^{(\max)} - u_{ijk}^{(\min)}] \qquad (3\text{-}21)$$

如果 U_{ijk} 是越小越优型的，则令

$$a_{ijk}^{(s)} = [u_{ijk}^{(\max)} - u_{ijk}^{(s)}] / [u_{ijk}^{(\max)} - u_{ijk}^{(\min)}] \qquad (3\text{-}22)$$

在二级评价指标集合 $\mathbf{U}_{ij}$ 中，结合其权重 W_{ij}，可以算出一级评价结构，即

$$V_{ij} = W_{ij} \cdot A_{ij} \qquad (3\text{-}23)$$

式中，A_{ij} 为归一化处理后的评价指标结果构成的矩阵。

在一级评价指标集合 $\mathbf{U}_i$ 中，结合其权重 W_i，可以算出二级评价结果，即

$$V_i = W_i \cdot A_i \qquad (3\text{-}24)$$

对于二级评价结果，结合其权重 W，地缘环境三级评价结构，即最终综合评价结果为

$$V = W \cdot A \qquad (3\text{-}25)$$

（2）操作过程

点击"地缘环境综合评价"功能组中的"地缘环境"按钮，打开中国及周边国家综合实力评价系统窗口（界面如图 3-44 所示）。打开时默认不显示图表窗口，可在指标体系面板上右击，选择"显示图表"。

系统界面分为三个部分，分别如下。

A. 指标体系构建

1）指标查看。该面板以树状图的形式列出了综合实力评价的四级指标体系。从左至右依次列出了每个指标的指标名称、单位、权重、是否正向、级别、是否原子指标以及指标描述等信息。其中，是否正向是指如果一个指标的值增大会使得评价结果的值增大，那么这个指标是一个正指标，否则相反；是否原子指标是指如果一个指标没有下一级指标，那么它是一个原子指标。点击指标前的 ⊟ 或者 ⊞ 可以收起或展开下一级指标。在指标上右击，在弹出的快捷菜单上也可以进行指标的展

开和收起操作，如图 3-45 所示。

图 3-44　中国及周边国家综合实力评价系统

图 3-45　地缘环境评价右键菜单

2）指标权重控制。可通过三种方式调节每个指标的权重：①在指标名称上右击，在弹出的快捷菜单上选择"等权重分配"，则该指标与同级别的指标将分配相同的权重。

在指标名称上右击，在弹出的快捷菜单上选择"设置权重"，在弹出的对话框中设置该指标的权重。由于默认权重之和为1，更改某个指标的权重时，也需要相应更改同级其他指标的权重（图3-46）。

图 3-46　设置指标权重

通过权重控制器 **0.25** ⊖ ▯ ⊕ 调节权重。点击权重控制器左侧的"–"号或者右侧的"+"号可以以0.01的步长减小或增加相应指标的权重；也可以直接在横条上点击。用这种方式改变某一指标的权重时，同级的其他指标会依据更改前的权重按比例更新它们的权重。

通过任意一种方式改变权重，都会在权重控制器的标签上实时显示，与此同时，评价结果和图表面板也会实时更新计算结果。

B. 评价结果

该面板展示中国及周边国家的综合实力评价结果，以及指标体系中非原子指标的得分。默认以综合实力从高到低排序。在指标名称上点击，可以以当前指标为标准进行升序或降序排列。

C. 图表视图

当图表视图显示时，图表的上半部分显示每个国家当前被选中指标的得分，并从低到高排列；图表的下半部分显示当前在评价结果中选中的国家，在当前选中的指标的构成上的得分对比情况。当选中的指标或者国家发生改变时，图表区显示的内容也会相应发生改变。

3.5.9　地缘位势评价

（1）算法原理

在重力模型的框架下，将大国实力量化为"地缘重量"；将相互依赖的权力作为两国的"关系系数"，作为一国在与另一国获得对自己有利的交换条件的协商关系；将相对施加权力的大国所处的空间位置用"空间距离"表示，用经济、军事等流动要素计算两国间的关联度，代表"关联距离"，空间距离和关联距离共同构成"地缘距离"：

$$P_{ij} = k\frac{M_i}{d_{ij}^b}(i \neq j; \ i = 1, \ 2, \ \cdots, \ n; \ j = 1, \ 2, \ \cdots, \ m) \quad (3\text{-}26)$$

式中，P_{ij} 为权力主导国 i 国对 j 国产生的地缘位势；M_i 为权力主导国的地缘重量；d_{ij} 为两国间的地缘距离；k 为关系系数；b 为距离衰减系数。该地缘位势的评估公式表明一国在另一国获得的地缘位势受 4 个方面的影响：一是主导国综合实力大小；二是一国受到其他国家的依赖而获得的权力；三是两国距离的远近和关联度的大小；四是距离衰减因子。

1）地缘重量。将"地缘重量"定义为一个国家本身所具有的实力，认为一国实力是借助不对称的相互依赖关系，在其他国家或地区形成不同的权力格局。结合国内外实力的评价指标体系和软实力理论，本研究对地缘重量的评估除了选取代表硬实力的基础实力、军事实力、经济实力、科教实力的指标以外，还选择了评估软实力的指标，分别评价政治实力、外交实力和文化影响力（表 3-7）。

表 3-7　地缘重量评价框架及指标权重分配

地缘重量	一级指标	赋权系数	二级指标	指标名称	赋权系数
硬实力	基础实力	0.18	人口规模	总人口	0.25
			国土面积	总面积	0.30
			战略资源	主要矿产资源基础储量	0.45
	军事实力	0.17	武装力量	现役部队人数	0.50
			国防投入	国防支出	0.50
	经济实力	0.35	总量指标	GDP 总量	0.30
			人均指标	人均 GDP	0.40
			进出口贸易	进出口贸易总额	0.30
硬实力	科教实力	0.30	教育投资	教育支出	0.35
			教育普及率	中学入学率/净百分比	0.30
			科技投入	研究与试验发展（R&D）经费支出	0.35
软实力	政治实力	0.40	政府治理	世界治理指数（WGI）	1.00
	外交实力	0.30	对外援助	对外援助支出	0.30
			参与国际机构程度	发起国际组织的数量	0.25
				参与国际组织数量	0.20
				联合国会费实缴数据	0.25
	文化影响力	0.30	核心文化传播	核心文化产品出口额	0.60
			留学生交流	外国留学生人数	0.40

2）地缘距离。国家间相对的空间位置不仅体现在实体的空间距离上，还通过流动要素，如贸易、维和、传媒等，在国家间的流动形成虚拟的关联性。结合李小文院士对"地理学第一定律"中"时空邻近度"概念的解析，考虑到量化的可操作性，本研究提出地缘距离正比于几何距离、反比于二者间的总流量，即用"空间距离" d_{geo} 和"关联距离" d_{cor} 共同定义"地缘距离"。本研究以两面域重心的欧氏距离为标准来定义空间距离。

采用国家间流动要素作为计算两国间关联度和影响力的重要指标，从而得到虚拟的关联距离。流动要素主要包括 3 个方面：经济要素、军事要素、政治要素和软实力要素（表 3-8）：

$$d_{cor} = \sum_{i=1}^{4} \alpha_i F_i \tag{3-27}$$

式中，d_{cor} 为关联距离；F_i 为流动要素；α_i 为经济流、军事流、政治流和软实力流的权重。

综上所述，由于地缘距离正比于几何距离、反比于二者间的总流量，因此将地缘距离定义为

$$d_{ij} = \frac{d_{geo}}{d_{cor}} \tag{3-28}$$

式中，d_{ij} 为地缘距离；d_{geo} 和 d_{cor} 分别为空间距离和关联距离。

表 3-8　关联距离评价框架及指标权重分配

流动要素	权重系数	指标	权重系数
经济要素	0.40	与中国进出口贸易总额	0.40
		中国对外直接投资额	0.15
		中国实际外商投资额	0.15
		对外经济合作（承包工程完成营业额）	0.30
军事要素	0.15	2010 年以来与中国联合军演次数	1.00
政治要素	0.20	驻华外交官数量	1.00
软实力要素	0.25	在华留学生数	0.35
		图书、报刊等印刷品进出口额（万美元）	0.45
		孔子学院个数	0.20

3）关系系数。由于国际政治中的相互依赖来源于国家之间的相互影响和相互联系，因此将不同国家之间的相互依赖关系作为两国的"关系系数"。这种依赖具有非对称性，故而需要辨析地缘位势定义中，权力的依赖方和被依赖方的关系。例如，测度在中国的影响下印度的地缘位势，其主体为印度，则需要考虑中国对印度的依赖，从而使印度获得对中国的权力。

相互依赖的权力大小取决于一国对另一国贸易的重要性和双方贸易中

形成的不对称依赖的脆弱性。以 i、j 两国为例，在不对称的相互依赖中 i 国所获得的权力，其重要性表现在 i、j 两国间贸易额占 i 国贸易总额的比重，比重越小、i 国对 j 国依赖性越弱、获得的权力越大；而脆弱性往往以一国对另一国进出口商品的市场替代性衡量，i 国某种产品以出口 j 国为主，则 j 国的替代性小，i 国获得的权力也越小：

$$M_i = \Phi_i(1 - \varphi_{ij}) + (V_{ij} - V'_{ij}) \tag{3-29}$$

式中，M_i 为在不对称的相互依赖中 i 国获得的权力；Φ_i 为 i 国的贸易总额；φ_{ij} 为 i 国与 j 国双边贸易额占 i 国贸易总额的比重；$V_{ij} - V'_{ij}$ 为两国进出口商品的市场依赖性；V_{ij} 为 j 国出口 i 国的占 j 国该类产品总出口比重最高的产品贸易额；V'_{ij} 为 i 国出口 j 国的占 i 国该类产品总出口比重最高的产品贸易额。

（2）操作过程

地缘位势评价主界面如图 3-47 所示，其基本功能和操作与地缘环境评价类似，在此不再赘述。

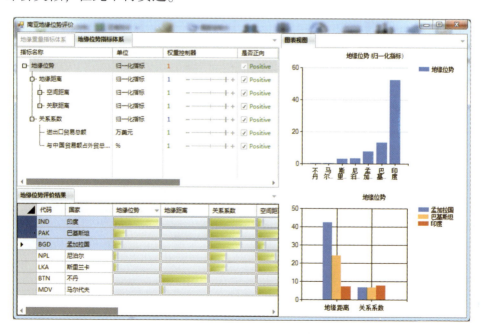

图 3-47　地缘位势评价窗口

3.6　可视化与制图

3.6.1　地缘环境专题地图

地缘环境专题地图是各部分研究的数据、分析和评价结果的可视化表达，分为中国与周边国家基本状况、中国和南亚地区经济关联度评价、中国和南亚地区跨境人口地缘安全评价、中印跨境水资源安全评价、地缘位势评价与南亚地缘环境特征，以及南亚地缘环境单元划分 6 个部分，专题图详见表 3-9，例图如图 3-48 所示。这些专题图同时包含在《中国和南亚地区地缘环境地图集》中，其中部分地图将在第 4 章中详细介绍。

表 3-9　地缘环境专题地图

一、中国与周边国家基本状况		
1.1 地理位置		
1	中国和周边国家的地理位置	1 : 60 000 000
2	中国和周边国家的地理位置（地势）	1 : 60 000 000
1.2 人口与经济		
3	中国及周边国家人口密度	1 : 52 000 000
4	GDP 增长率	1 : 52 000 000
5	GDP 变形地图（1990～2019 年）	—
1.3 敏感要素		
6	南亚敏感要素分布	1 : 20 000 000
1.4 综合实力		
7	综合实力评价结果（2012 年、2000 年）	—
8	硬实力与软实力评价结果（2012 年）	—

续表

二、中国和南亚地区经济关联度评价		
2.1 中国与南亚海陆贸易通道互馈评价		
9	中印集装箱货物运输成本估算（至加尔各答）	1∶27 000 000
10	中印集装箱货物运输成本估算（至孟买）	1∶27 000 000
11	中印集装箱货物运输成本估算（至新德里）	1∶27 000 000
12	中国–印巴陆路运输通道受阻情景分析	1∶27 000 000
13	中国–印巴海上运输通道受阻情景分析	1∶27 000 000
2.2 南亚经济合作潜力评价		
14	中国与南亚国家经济合作潜力（2013 年）	1∶20 000 000
三、中国和南亚地区跨境人口地缘安全评价		
3.1 语言亲缘度与宗教亲缘度		
15	中印边境地区各县总人口数及县代码与县名对照表（含未被中国承认的县）	1∶12 000 000
16	中国藏南地区各语族人数	1∶3 200 000
17	中国藏南地区各宗教信仰人数	1∶3 200 000
18	喜马歇尔邦、北阿坎德邦、查谟–克什米尔地区各语族人数	1∶3 500 000
19	喜马歇尔邦、北阿坎德邦、查谟–克什米尔地区各宗教信仰人数	1∶3 500 000
20	中印边境地区与中国藏语亲缘度分布图	1∶12 000 000
21	中印边境地区与藏传佛教亲缘度分布图	1∶12 000 000
3.2 中国公民在印度各邦安全评价		
22	中国公民在印度各邦的风险系数	1∶20 000 000
四、中印跨境水资源安全评价		
4.1 雅江流域水资源状况		
23	雅江主要断面及控制范围	1∶9 000 000
24	雅江流域融雪量	1∶9 000 000
25	雅江流域产流量	1∶9 000 000
26	雅江流域汇流量	1∶9 000 000

27	雅江流域潜在蒸散发	1：9 000 000
28	雅江流域实际蒸散发	1：9 000 000
29	雅江流域降水量	1：9 000 000
4.2 雅江流域社会经济		
30	雅江流域人口密度	1：9 000 000
31	雅江流域 GDP	1：9 000 000
4.3 雅江流域社会经济需水		
32	雅江流域生活需水量	1：9 000 000
33	雅江流域灌溉需水量	1：9 000 000
34	雅江流域工业需水量	1：9 000 000
35	雅江流域社会经济需水量	1：9 000 000
4.4 雅江流域水胁迫与水资源安全		
36	雅江流域水胁迫	1：9 000 000
五、地缘位势评价与南亚地缘环境特征		
5.1 南亚地缘位势评价		
37	中美在南亚各国的地缘位势比较	1：20 000 000
5.2 南亚地缘环境评价		
38	南亚地理环境评价	1：20 000 000
39	南亚地缘关系评价	1：20 000 000
40	南亚地缘结构评价	1：20 000 000
41	南亚地缘环境评价	1：20 000 000
六、南亚地缘环境单元划分		
42	南亚地缘环境单元划分	1：12 000 000

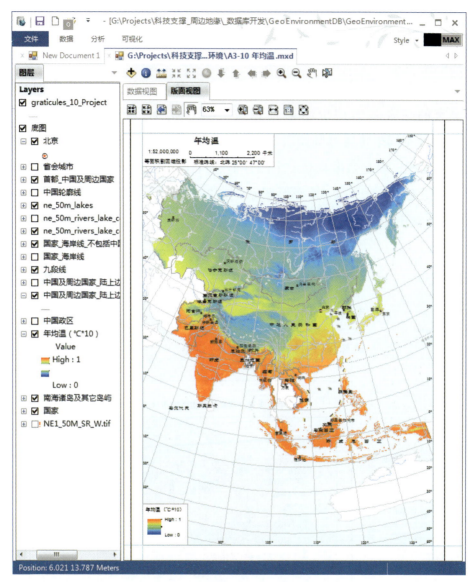

图 3-48　中国和南亚地缘环境专题图示例：年均温

3.6.2　变形地图

变形地图（Cartogram）是早在 1934 年由美国人 Raisz 提出的概念，随后被广泛应用于绘制不同的领域的地图，如人口普查地图、选举结果分布地图以及公共健康地图。它的实现方式也比较简单，有许多软件或者网页应用都可以实现 Cartogram，如 ArcView，GeoDa，ScapeToad 以及 MAPresso 等。

在本系统中，Cartogram 提供一组预定义的地图集，内容为中国及周边国家的综合实力评价结果及相应一二级指标，共包含 11 幅地图。Cartogram 不同于普通专题图，它的每一个要素的面积并不代表这个要素的实际面积，而是依据其某一个属性值进行比例变换得到，因此 Cartogram 看起来更夸张。图 3-49 是变形图示例（2012 年综合实力评价结果）。点击面板上地图按钮可打开相应的地图。

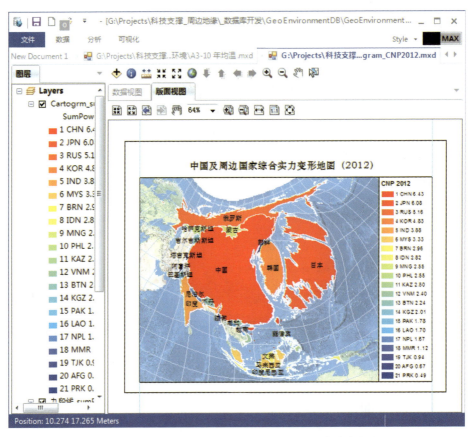

图 3-49　Cartogram（变形地图）示例：中国及周边国家综合实力（2012）

3.6.3　专题制图

专题制图可对本底要素进行可视化显示。点击"本底要素"打开专题图查看对话框，选择地理尺度、指标和年份后，点击"应用"，地图将会展现在主窗口的地图面板中（示例如图 3-50、图 3-51 所示）。

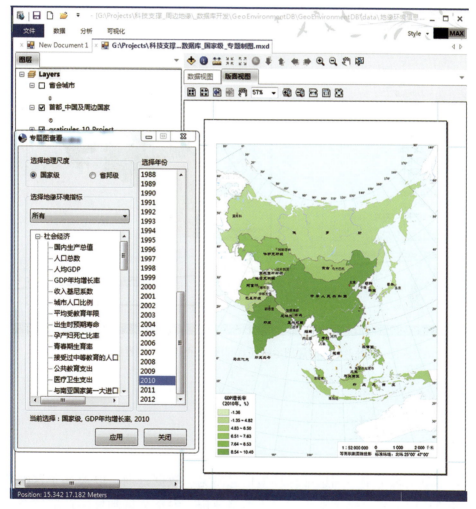

图 3-50　专题制图示例（国家级）：GDP 增长率

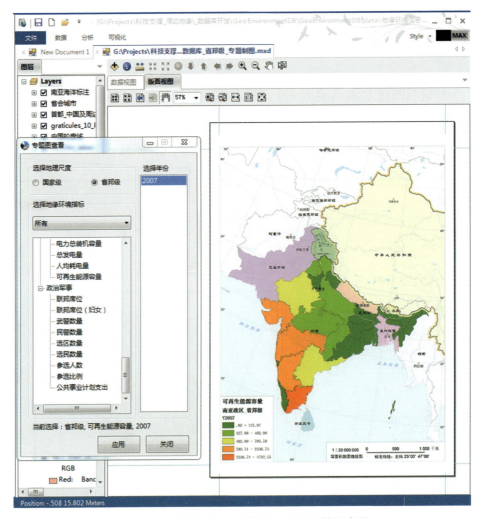

图 3-51　专题图示例（省邦级）：可再生能源容量

3.7　本章小结

　　本章实现了中国周边地缘环境信息浏览、数据查询，以及基于这些数据的玫瑰图分析、经济合作与三边关系评价、安全分析和地缘环境综合评价和可视化。具体来说，实现了以下功能。

　　1）数据加载与显示：①可加载与显示本地数据库中的矢量数据（点、

线、面数据）、栅格数据，包括雅鲁藏布江−布拉马普特拉河流域的社会经济用水要素（9 个指标，年尺度）、水资源要素（6 个指标，年尺度）、社会经济需水（2001 ~ 2012 年月尺度）、产流（2006 ~ 2012 年月尺度）和水压力（2006 ~ 2012 年月尺度）数据；②可加载与显示在线地图底图服务（ArcGIS Online）数据。

2）地图基本浏览：实现了多地图文档、多界面风格显示功能，支持地图图层显示与调整、数据视图和版面视图显示与切换、地图浏览基本操作（平移、放大、缩小、识别、测距、要素选取）等功能。

3）数据查询：实现了按国家级尺度和南亚省邦级尺度进行查询、通过勾选或者地图点选/框选的方式选择要查询的地理实体、按尺度（国家/省邦）、统计指标、年份进行组合查询、按指标和年份查看查询结果、按国家、事件类型和级别对水文事件进行组合查询，以及将查询结果导出成 . xls 文件等功能。

4）集成地缘环境评价模型：集成了中国与南亚经济合作潜力评价模型、语言亲缘度评价模型、宗教亲缘度评价模型、中国公民在印安全系数评价模型、跨境水资源非叠置胁迫计算模型、玫瑰图模型、地缘环境评价、地缘位势评价模型、国家控制力和三角稳定度 10 个地缘环境分析模型，实现了自动或交互式计算评价指标值、按单指标或综合指标方式生成南亚省邦级尺度玫瑰图、可调节指标权重生成评价值，以及多视图联动显示评价结果等功能。

5）系列专题地图、变形地图展示：地缘环境系列专题地图包括以下六个部分的专题图：中国与周边国家基本状况、中国和南亚地区经济关联度评价、中国和南亚地区跨境人口地缘安全评价、中印跨境水资源安全评价、地缘位势评价与南亚地缘环境特征，以及地缘环境单元划分。此外，系统还支持交互式生成中国和南亚地区国家级或者省邦级各指标的分层设色图。

第 4 章　中国周边地缘环境专题制图

　　在地缘环境数据库的基础上，利用中国周边地缘环境信息系统的专题制图功能，结合项目的各项研究成果，我们制作了中国周边地缘环境（主要以南亚为研究区）的系列专题图，分别为中国与周边国家基本状况、中国和南亚地区经济关联度评价、中国和南亚地区跨境人口地缘安全评价、中印跨境水资源安全评价、地缘位势评价与南亚地缘环境特征，以及南亚地缘环境单元划分五大部分。力图通过系列专题地图总结各项研究成果、展现中国与周边（南亚）国家的地缘环境基本特征。

4.1　中国与周边国家基本状况

4.1.1　地理位置

　　中国位于亚洲东部，太平洋西岸（图4-1）。陆地面积约为960万平方千米，东部和南部大陆海岸线为1.8万多千米，内海和边海的水域面积约为470多万平方千米。海域分布有大小岛屿7600多个，其中台湾岛最大，面积为35 798平方千米（中国政府网，2015）。我国同14国接壤（从东北到西南分别为朝鲜、俄罗斯、蒙古、哈萨克斯坦、吉尔吉斯斯坦、塔吉克斯坦、阿富汗、巴基斯坦、印度、尼泊尔、不丹、缅甸、老挝和越南），与8国海上相邻（分别为朝鲜、韩国、日本、菲律宾、文莱、马来西亚、印度尼西亚和越南，其中朝鲜和越南又与中国陆地接壤）。

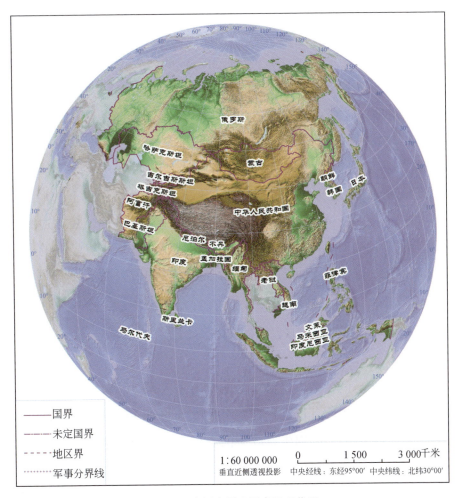

图 4-1　中国和周边国家地理位置

国家的周边地区是指国界以外的周围区域，有着一定的空间纵深，覆盖特定的有形实体，存在着互动的相互关系（杨吾扬，1995）。中国是世界上邻国数量最多的国家，且周边各国在政治制度、经济发展水平、社会结构、军事实力、民族分布和宗教文化方面存在差异之巨大，这是全球范围内少见的。这些国家中，有世界幅员最辽阔的俄罗斯；有人口在 1 亿以上的国家 6 个（印度、俄罗斯、日本、巴基斯坦、孟加拉国和菲律宾）；有世界经济大国（日本）和最具经济活力的新兴经济体（印度、俄罗斯等)。既有世界军事大国（俄罗斯、印度等），也有世界军事热点（阿富汗等）；既有伊斯兰文化，又有印度教、佛教文化。意识形态领域的结构也呈现多元特征，地理和文化多元性特征明显。

地缘政治理论中，麦金德（Mackinder）的陆权论强调欧亚大陆腹地的重要性，强调世界岛、心脏地带的重要性（Mackinder，1904）。麦金德认为，陆海实力的较量一直贯穿世界历史。他强调枢纽地带辽阔草原、便利的水运、丰富的自然资源，能够为国家强大提供巨大支撑。斯皮克曼（Spykman）提出的边缘地带理论认为，边缘地带而非心脏地带是控制世界的关键（Spykman，1942；Spykman et al.，1944）。在历史上，很少出现陆权与海权直接对抗的局面，边缘地带是列强争夺的关键，控制边缘地带才能统治欧亚大陆。无论从麦金德的陆权论或是后来斯皮克曼等的边缘地带理论来说，中国都处于世界地缘政治极其重要的位置上。

4.1.2　人口与经济

中国和印度是世界上人口最多的两个国家，人口总数均超过了12亿。截至2014年，两国总人口数分别达到了13.6亿和12.6亿（表4-1）。但是长期以来，中国由于计划生育政策的施行，人口增长率维持在一个较低水平（0.51%）（图4-2）。世界上面积最大的国家俄罗斯的人口为1.44亿，然而俄罗斯的人口增长率低于中国（0.22%）；经济发达的日本，总人口为1.27亿，是一个人口密度很高的国家，但是日本是中国周边国家中唯一一个人口处于负增长的国家（-0.12%）。与此同时，日本也是老龄人口比例最高的国家，其65岁及以上人口所占比重达到了25.79%。与中国隔海相望的邻国中，人口最少的是文莱，只有42.32万人；陆上相邻的国家中，人口最少的是不丹，为76.56万人。

表 4-1　中国和周边国家总人口数、国土面积、GDP 和人均 GDP 统计

国家	总人口数 （万人）	国土面积 （万平方千米）	GDP （亿美元）	人均 GDP （美元）
中国	136 427	938.82	103 601	6 807
印度	126 740	297.32	20 669	1 499
印度尼西亚	25 281	181.16	8 885	3 475
巴基斯坦	18 513	77.09	2 469	1 299
俄罗斯	14 382	1 637.69	18 606	14 612
日本	12 713	36.46	46 015	38 492
菲律宾	10 010	29.82	2 846	2 765
越南	9 073	31.01	1 862	1 911
缅甸	5 372	65.33	643	—
韩国	5 042	9.74	14 104	25 977
阿富汗	3 128	65.29	208	678
马来西亚	3 019	32.86	3 269	10 514
尼泊尔	2 812	14.34	196	694
朝鲜	2 503	12.04	—	—
哈萨克斯坦	1 729	269.97	2 122	13 172
塔吉克斯坦	841	14.00	92	1 037
老挝	689	23.08	118	1 646
吉尔吉斯斯坦	583	19.18	74	1 263
蒙古	288	155.36	120	4 056
不丹	77	3.81	18	2 498
文莱	42	0.53	173	38 563

注：表中数据根据世界银行（http://data.worldbank.org）公布整理而得，其中总人口数，国土面积 GDP 为 2014 年数据，人均 GDP 为 2013 年数据。

人口数量是早期研究中用评价综合国力最常用的单一指标之一（Höhn，2014）。然而并不是人口越多越好，如在克莱因（Ray. S. Cline）的"国力方程"中，（以当时的情况）当人口超过 5 亿时，人均国民生产总值不足 500 美元时，人口得分减半（Cline，1975）。现在，判断一个国家的社会发展水平，已不再使用人口数量这一单一指标，而是包括人均寿命、老龄人口比例、受教育水平等。

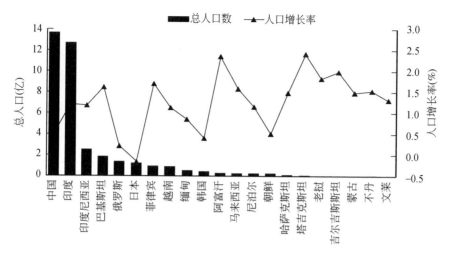

图 4-2　中国和周边国家总人口数和人口增长率（2014 年）

资料来源：世界银行（http：//data. worldbank. org）

中国是人口大国，但是人口分布极不均匀（图 4-3）。中国人口数量东南多、西北少，从黑龙江省黑河到云南省腾冲存在一条大致为倾斜 45 度的基本直线（"胡焕庸线"）（胡焕庸，1935），将中国人口密度划分为两个区域。此线东南方 36% 的国土居住着 96% 的人口，以平原、水网、丘陵、喀斯特和丹霞地貌为主要地理结构，自古以农耕为经济基础；线西北方人口密度极低，是草原、沙漠和雪域高原的世界，自古属于游牧民族的天下，因而划出两个迥然不同自然和人文地域。

在中国周边国家中，俄罗斯拥有世界最广阔的国土面积，却只有 1.44 亿人口，人口密度极低。印度的人口分布也很不均匀，北部密度非常高，南部相对较低。

国内生产总值（GDP）是一个国家所有常住单位在一定时期内生产的所有最终产品和服务的市场价格，是国民经济核算的核心指标，也是衡量一个国家或地区总体经济状况重要指标。如图 4-4 所示，自 2010 年起，中国的 GDP 超过 6 万亿美元，超过日本的 5.5 万亿美元，从而取代日本成为世界第二大经济体（如果欧盟作为一个整体，则为第三）。之后中国 GDP 一直保持稳定增速，到 2014 年超过 10 万亿美元。而日本 GDP 增长

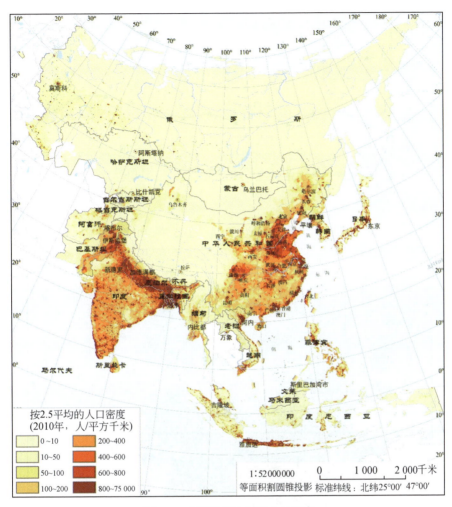

图 4-3　中国及周边国家人口密度

至 2012 年后有所下滑，截至 2014 年为 4.6 万亿美元。其次为印度（2.1
万亿美元）、俄罗斯（1.9 万亿美元）和韩国（1.4 万亿美元）。不仅如
此，中国的 GDP 增长率长年保持领先（图 4-5），周边国家中印度和吉尔
吉斯斯坦 GDP 增长率也较高，而俄罗斯、日本以及韩国等发达国家 GDP
增长率较低。中国经济进入"新常态"以后，虽然 GDP 增长率有所降低，
但是是可持续发展的经济增长。图 4-6 以变形地图的方式生动展示了中国
从 1990 年到 2019 年（预计）的 GDP 增长过程。

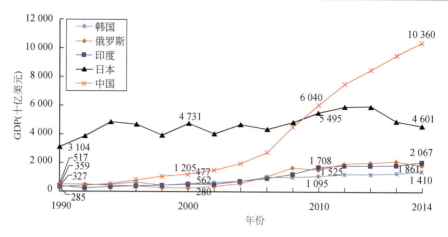

图 4-4　GDP 总量前五的国家近 15 年 GDP 增长

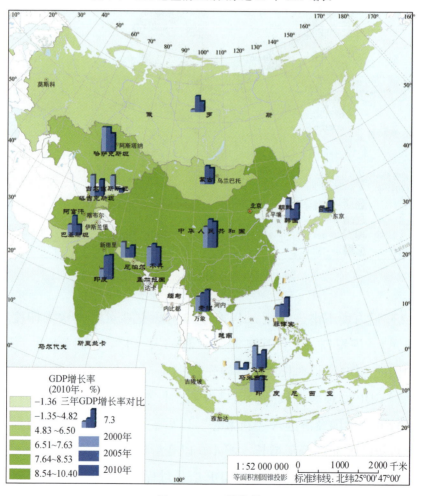

图 4-5　GDP 增长率

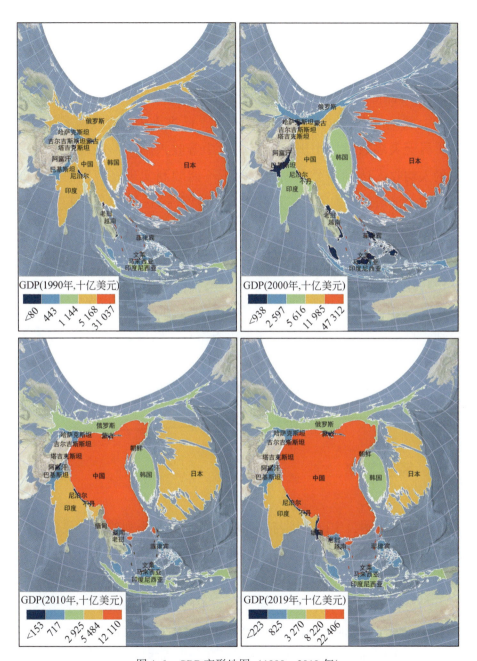

图 4-6　GDP 变形地图（1990～2019 年）

人均 GDP 通过一个国家国内生产总值除以人口数量获得，能够更有效地衡量人民生活水平。中国周边国家中，人均 GDP 最高的国家是文莱，为 38 563 美元，其次为日本 38 492 美元，排名第三的是韩国 25 977 美元。中国和印度由于人口基数大，人均 GDP 分别为 6807 和 1499 美元。按照世界银行的标准（http：//data. worldbank. org/about/country- and- lending-groups），我国的人均 GDP 超过 6000 美元，已进入中等收入国家行列。然而，世界上大多数发展中国家都存在"中等收入陷阱"问题，即当一个国家的人均收入达到中等水平后，由于不能顺利实现经济发展方式的转变，导致经济增长动力不足，最终出现经济停滞的一种状态。拉丁美洲和中东的许多国家提供了很好的例子：这两个区域的大多数国家早在 20 世纪 60 年代和 70 年代就已经进入了中等收入国家行列，然而直到现在它们还停留在那个水平。在 1960 年的 101 个中等收入经济体中，截至 2008 年，仅有 13 个迈入高收入行列（赤道几内亚、希腊、中国香港、爱尔兰、以色列、日本、毛里求斯、葡萄牙、波多黎各、韩国、新加坡、西班牙和中国台湾）（WorldBank，2012）。中国经济自改革开放以来飞速发展三十多年进入"新常态"，如何避免所谓的"中等收入陷阱"是全面建设小康社会继续解决的问题。

4.1.3　敏感要素

如图 4-7 所示，中国边境与南亚地区存在着一系列的敏感要素，影响着地区的和平与稳定，这些敏感要素如下。

（1）边界与领土争端

中印边界主要分为东、中、西三段。东段是两国争议最大的地区，在此爆发了那场至今影响两国关系的边界冲突。东段地区面积为 9 万平方千米，印方主张以所谓的"麦克马洪线"为界。西段是指中国新疆所属的阿克赛钦地区和西藏阿里地区的一部分，面积为 3.3 万平方千米，一直在中国的管辖之下。中段隶属中国，面积约为 2000 平方千米。1962 年冲突爆发后两国关系陷入了长时间的僵局。

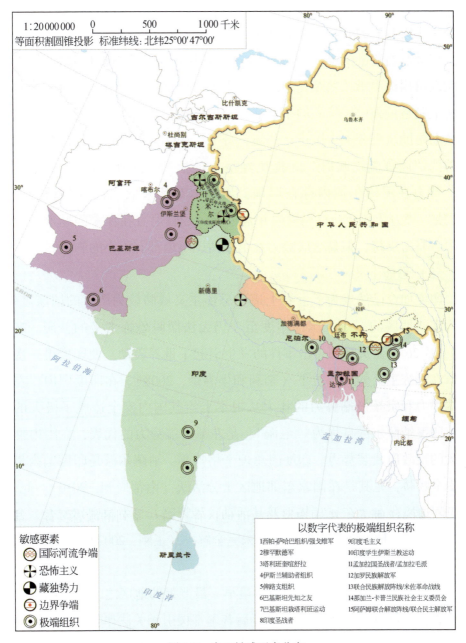

图 4-7　南亚敏感要素分布

（2）西藏问题

西藏在中国的西南部，自从 13 世纪中叶归入中国元朝版图以后，一直处于中央政府的管辖之下。新中国成立后，达赖集团与国外反华势力勾结，持续制造叛乱活动，分裂祖国（国务院新闻办公室，1992）。印度虽然在政治用语中承认西藏是中国领土上不可分割的一部分，声称不会在此问题上制造危害中国统一的军事活动，但依然在政治、经济乃至军事上长期默默帮助从事分裂中国行动的流亡分子，如保留总部设在印度的以达赖为首的"西藏流亡政府"并提供经济上的援助。此外，自 1960 年"藏独"势力在尼泊尔境内存在以来，尼泊尔对其采取"治理"政策，但"藏独"势力及其活动在尼境内并未根绝。尽管尼方在涉藏问题上一贯予以中方坚定支持，但是这股势力在尼中两国境内都有不小的影响。

（3）恐怖主义

印度如今已然成为了世界上遭受恐怖主义威胁较为严重的国家之一。作为南亚地区的一个大国，印度至今仍无法摆脱恐怖主义的梦魇。2008 年 11 月 26 日孟买恐怖袭击事件的发生引起了世界轰动，使印度再一次被笼罩在恐怖主义的阴霾之下（李莉和楼春豪，2008）。在印度国内，左翼极端势力和宗教极端势力的壮大从根本上给其国内安全造成了极大的威胁。印度纳萨尔派自称为"毛派"，是左翼极端势力的代表，在国内拥有强大的反政府武装势力。印度前总理辛格宣称，纳萨尔派是印度国内最大的安全威胁，尤其是在国家东部地区十分活跃（南都周刊，2010）。此外，在巴阿边境存在"东突"势力及其活动，尽管巴方与中国密切配合、合力打击，但这一地区"东突"问题尚未完全解决（王刚，2002）。

（4）极端组织

南亚是受伊斯兰极端主义威胁最早、最严重的地区之一，极端组织较多，恐怖事件频发。"9·11"事件后各国都援引相关法律打击取缔极端组织。巴基斯坦取缔了 15 个伊斯兰极端组织及其变体。孟加拉国被印度及西方称为恐怖组织的新"天堂"，据称境内的极端组织不少于 15 个，政府已取缔 3 个。印度以查谟和克什米尔地区及东北几邦较为集中，政府已公布了 12 个恐怖组织的名单。南亚伊斯兰极端组织大小不一，主张有别，发展参差不齐，但"9·11"事件后都受到程度不同的打击，发展势头受到遏制。伊拉克战争后，有些组织乘机抬头，制造恐怖暴力活动，但受整个地区政治形势改善的影响，加之各国政府都采取了严厉的军事和法律打击措施，极端组织的活动空间被极大地压缩，虽有零星行动，整体上仍处于积聚力量阶段。

（5）水资源争端

由于流经南亚各国（主要是印度、尼泊尔、不丹）的主要河流大都源于中国境内喜马拉雅山脉的西藏，使得喜马拉雅山脉的积雪为印度次大陆的河流提供了稳定的补给水源。延绵不断的喜马拉雅山脉养育了 19 条流向南亚的主要河流。随着全球气候变暖与喜马拉雅山脉水资源的减少，近年来中国与南亚国家，特别是与印度、巴基斯坦、阿富汗、尼泊尔、不丹、孟加拉国等国之间的跨界水资源问题频频出现在不同场合的议题之中，其中中国与印度之间的水资源纠纷，更成为各方关注的焦点，并与边界领土纠纷等问题交织在一起，成为一个引发矛盾与冲突的焦点（樊基仓等，2010；刘鹏，2013；周秋文等，2013）。

（6）毒品问题

"金新月"位于西南亚的阿富汗、巴基斯坦、伊朗三国交界地区，是一个面积约 3000 平方千米的月牙形狭长地带（李彦明等，2009）。在南亚，巴基斯坦的毒品问题仅次于阿富汗。

（7）克什米尔问题

克什米尔是青藏高原西部和南亚北部的一部分交界地区。克什米尔地区现在由三个国家分治：巴基斯坦控制了西北部地区（自由克什米尔和克什米尔北部地区），印度控制了中部和南部地区（查谟–克什米尔邦），而中国则控制了东北部地区（阿克赛钦和喀喇昆仑走廊）。锡亚琴冰川（Siachen Glacier）同时被印度和巴基斯坦所控制，印度控制了其中大部分地区，而巴基斯坦则控制了其中较低的山峰。巴基斯坦声称对除中控克什米尔以外的地区都是巴基斯坦领土，而印度一直没有正式承认中国和巴基斯坦对该地区的控制权，声称包括中巴于 1963 年签署的边界所划归中国的喀喇昆仑走廊地区等都属于印度领土。巴基斯坦将整个克什米尔地区视为有争议的领土，而印度则援引其宪法证明克什米尔地区为印度不可分割的一部分。克什米尔问题一直是印巴矛盾的症结之所在，两国为了争夺克什米尔爆发过三次较大的战争。克什米尔地区对我国来说也有着特殊的意义，因为该地区是中国、印度、巴基斯坦的交界地，倘若克什米尔地区收归印度领土，就等于在客观上切断了我国与巴基斯坦的陆上联系，使西南的大片领土失去了缓冲和屏障。

4.1.4　综合实力

综合实力是衡量一个国家在全球或区域中的竞争力和影响力的综合性指标，在国际关系理论中扮演着重要的角色（Kadera and Sorokin，2004）。早期的许多研究直接使用单一指标如国土面积、人口、GDP 等。由于单一指标无法综合体现综合实力的各个方面，学者发展了各类综合指标体系。其中最有名的是克莱因的"国力方程"（Cline，1975）。该方程为：$P = (C + E + M) \times (S + W)$，其中 P 代表国力，C 代表基本实力，由人口和国土面积构成，E 代表经济实力，M 代表军力，S 代表战略目的，W 代表国家意志。此后，学者们提出了各种综合实力评价模型，见表4-2。

表 4-2　综合国力评价模型举例

来源	年份	型描述
German	1960	$Power = N \times (L + P + I + M)$ 式中，N 为核能力；L 为国土面积；I 为工业基础；M 为军事实力
Cline	1975	$Power = (C + E + M) \times (S + W)$ 式中，C 为基本实力（人口+国土面积）；E 为经济实力；M 为军事实力；S 为战略目的；W 为国家意志

来源	年份	型描述
Mattos and Viana	1977	$$\text{Power} = (C + E + M) \times (S + W + P)$$ 式中，C 为基本实力（人口+国土面积）；E 为经济实力；M 为军事实力；S 为战略概念；W 为国家意志；P 为说服力
Small and Singer	1982	$$\text{Power} = \frac{\text{ME} + \text{AF} + \text{IP} + \text{EC} + \text{UP} + \text{TP}}{6},$$ 式中，ME 为军费；AF 为兵力；IP 为钢铁产量；EC 为能源消耗量；UP 为城市人口；TP 为总人口
Kadera and Sorokin	2004	$$\text{Power} = (\text{ME} \times \text{AF} \times \text{IP} \times \text{EC} \times \text{UP} \times \text{TP})^{1/6}$$ 式中符号意义同上
Chang	2004	$$\text{Power} = \frac{\text{CM} + E + M}{3}$$ 式中，CM 为基本实力（人口+国土面积）；E 为经济实力；M 为军事实力
Hafeznia et al.	2008	$$\text{Power} = \text{EC} + \text{PL} + \text{CL} + \text{SC} + \text{MI} + \text{TR} + \text{ST} + \text{TN} + \text{AS}$$ 式中，EC 为经济因素；PL 为政治因素；CL 为文化因素；SC 为社会因素；MI 为军事因素；TR 为国土因素；ST 为科技因素；TN 为转换因素；AS 为太空因素
Yan	2008	$$\text{Power} = (M + E + C) \times P$$ 式中，M 为军事实力；E 为经济实力；C 为文化实力；P 为政治实力

　　哈佛大学教授约瑟夫·奈（J. S. Nye）首次提出软实力（soft power）理论。他认为软实力是"一国通过吸引和说服别国服从本国的目标，从而使本国得到自己想要的东西的能力"（Nye，2004）。软实力是一种同化性力量，由文化、政治价值观以及对外政策三要素构成（约瑟夫和王缉思，2009）。阎学通等（2008）则认为国家软实力的核心是政治实力，主要包括国际吸引力、国际动员力、国内动员力3个二级要素，具体分解为国家模式吸引力、文化吸引力、战略友好关系、国际规则制定权、对社会上层的动员力和对社会下层的动员力6个三级要素。软实力是相对于硬实力

（hard power）来说的。硬实力就是能看得见、摸得着的有形综合国力要素，包括基本资源（如土地面积、人口、自然资源）、军事力量、经济力量和科技力量等。

　　基于前人的研究，我们构建了中国和周边国家的综合实力评价框架，见表4-3。该框架把综合实力分成硬实力和软实力两部分，其中硬实力包括资源与能源实力、经济实力、科技实力和军事实力，软实力包括政府管理能力、文化实力和教育实力，并构建了评价指标体系，详见附录2。我们应用此模型对中国和周边国家2000年和2012年的综合实力进行了计算，并采用变形地图进行可视化，如图4-8所示。

表 4-3　综合实力评价框架

硬实力			
资源与能源实力（R）	经济实力（E）	科技实力（T）	军事实力（M）
·人力资源 ·土地资源 ·能源	·数量指标 ·质量指标 ·经济结构	·投资 ·研究 ·经济贡献 ·ICT 使用 ·创新	·军费支出 ·兵力 ·核能力
软实力			
政府管理能力（G）	文化实力（C）	教育实力（Edu）	

　　2000年，综合实力前五强依次为日本、中国、韩国、俄罗斯和印度。2012年，中国上升至第一位，其后依次是日本、俄罗斯、韩国和印度。2012年综合实力后五位依次是尼泊尔、缅甸、塔吉克斯坦、阿富汗和朝鲜。

　　类似地，我们使用变形地图对2012年硬实力和软实力进行了可视化，结果如图4-9所示。从图中可以看出，中国的硬实力超出其他国家，其后依次为俄罗斯、日本、韩国和印度；但中国软实力仍有不足，排在日本之后，其后依次为韩国、俄罗斯和马来西亚。

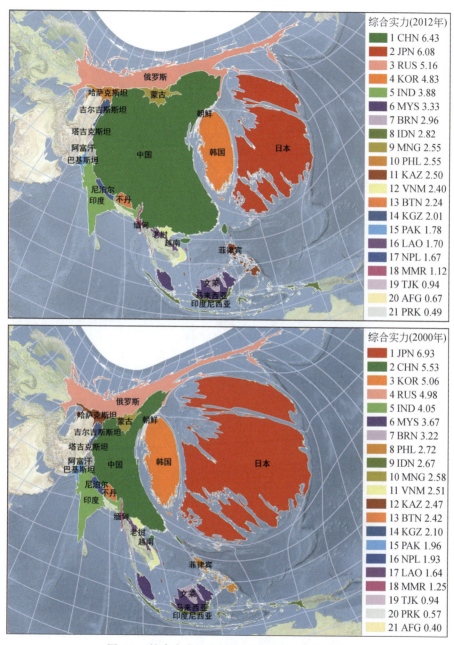

图 4-8　综合实力评价结果（2012 年、2000 年）

注：图中国家名称代码对应的国家（以字母顺序排序）1. AFG：阿富汗；2. BRN：文莱；3. BTN：不丹；4. CHN：中国；5. IDN：印度尼西亚；6. IND：印度；7. JPN：日本；8. KAZ：哈萨克基；9. KGZ：吉尔吉斯斯坦；10. KOR：韩国；11. LAO：老挝；12. MMR：缅甸；13. MNG：蒙古；14. MYS：马来西亚；15. NPL：尼泊尔；16. PAK：巴基斯坦；17. PHL：菲律宾；18. PRK：朝鲜；19. RUS：俄罗斯；20. TJK：塔吉克斯坦；21. VNM：越南。图 4-9 同。

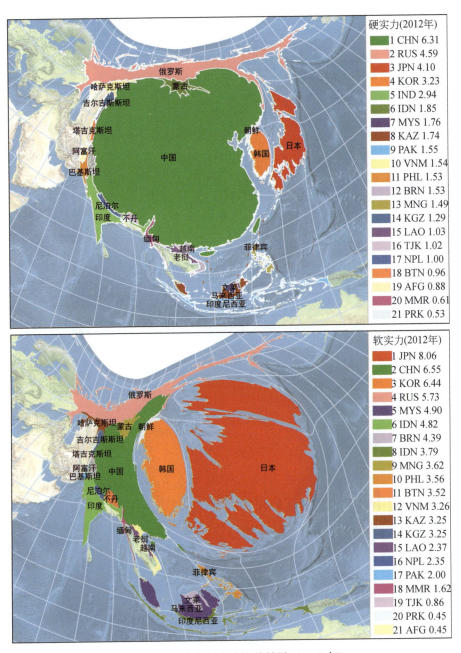

图 4-9　硬实力与软实力评价结果（2012 年）

4.2　中国和南亚地区经济关联度评价

4.2.1　中国与南亚海陆贸易通道互馈评价

中国与南亚陆路经济联系和文化交流自古有之，但是受到自然条件和地理格局的影响，中印之间目前陆路的经济往来不如海路经济往来那么重要。长期以来，中国与南亚国家之间的很多陆边口岸迟迟没有开放。中国与南亚之间具有一定规模的陆边口岸只有普兰和亚东，主要针对尼泊尔开放。近年来，中印边境贸易、边民互市贸易同步增长的口岸经济得到初步发展，边境口岸和边贸市场同步发展的沿边开放格局初步形成，陆边口岸正成为西藏扩大开放、发展对外贸易、实施兴边富民战略的重要依托。中国西藏现有 5 个对外开放通道，分布在日喀则、阿里及山南地区。位于我国西藏自治区的中印乃堆拉边贸通道于 2006 年开通，这些年来边境贸易发展良好，呈现出"人气、物流"逐渐积聚的势头。

若中国各外贸单位趋向选择运费最低的线路，那么通过路长、运费率就可以确定中印城市间贸易的单位运输成本。利用最小值选择法，找出中印陆路和海陆贸易的区域分割点。建立若干情景，分析区域分割点的变化，以及对中对印贸易的区域格局变化。

中国某城市到达印度 i 城市的货物运输成本度量模型的公式为

$$C_i = \sum (T \times L_i + C')$$

式中，T、L_i、C' 分别为运价率、计费里程、其他费用。

确定陆地通道潜在辐射范围，通过空间插值计算运输成本 C_1、C_2 之间差，$\triangle C = 0$ 的等值线，并确定路边口岸辐射范围；

确定通道潜在的影响度，计算中印陆边口岸潜在辐射范围内 GDP 占行政区 GDP 比重；$K_i = \sum$ （Sarea GDP）/GDP，Sarea GDP 为辐射范围内的 GDP。

选择中国省会城市与印度主要城市（首都新德里、加尔各答和孟买）作为货物运输的起点与终点并进行分析。根据中印运输海上运输和陆路运输两种模式，中印运输可以按照其运输流程划分为从起始点至节点至终点这一模式，即起始点（中国省会城市）→节点 1（中国口岸或港口）→节点 2（印度口岸或港口）→终点（印度主要城市）。确定中印集装箱货物运输成本估算值，得到结果如图 4-10 ~ 图 4-12 所示。

当经过陆边口岸运输成本费用等于经过沿海港口口岸（即不通过陆边口岸）运输成本费用时，即为陆边口岸与沿海港口潜在辐射范围分割点。根据中印联运成本核算表，通过空间差值求取每个省会城市陆边口岸与沿海港口口岸运输的成本差 $\Delta C = \Delta C_{陆} - \Delta C_{海}$，确定 $\Delta C = 0$ 的陆边口岸与沿海口岸运费等值线，该等值线即为陆边口岸潜在辐射范围分界线（图 4-13、图 4-14）。图 4-14 表明，只有海上交通成本大幅度提高后，中国和南亚的陆边口岸的辐射范围才能到中国的中部地带，沿海地带的经济发达地区基本上不会通过中国和南亚的陆边口岸与印度发生关联。

应用中国与南亚海陆两路贸易互馈模型进行的研究表明：第一，从交通的通达程度来计算，普兰口岸的辐射范围小于亚东口岸；第二，目前亚东和普兰口岸的辐射范围只在西藏、新疆和青海的大部分地区；第三，当海上运输成本相对于陆上运输成本逐渐提高后，普兰和亚东口岸的辐射范围会逐渐增加，反之则逐渐减少。当海上运输成本相对于陆上运输成本提高 30% 时，普兰和亚东口岸的辐射范围才会辐射到中国中部地带，中国沿海地区不会依赖这两个口岸与南亚建立大规模的经济联系（图 4-13、图 4-14）。

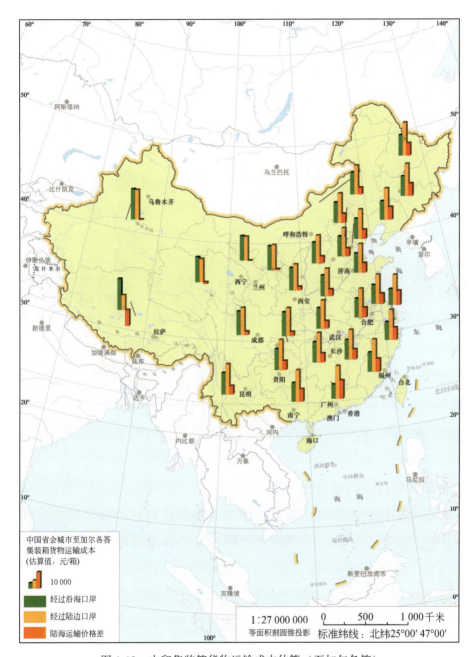

图 4-10　中印集装箱货物运输成本估算（至加尔各答）

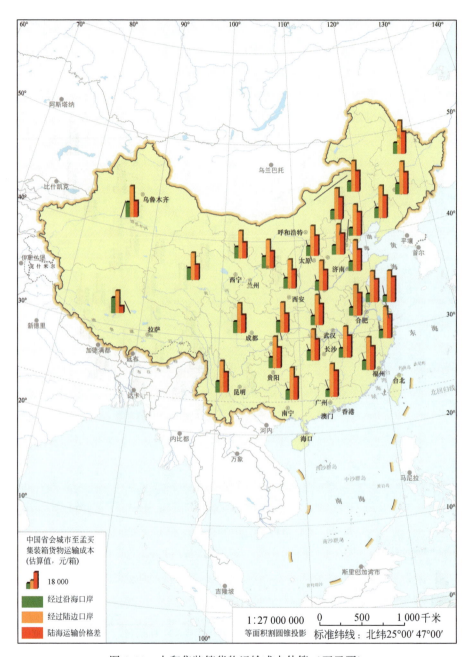

图 4-11　中印集装箱货物运输成本估算（至孟买）

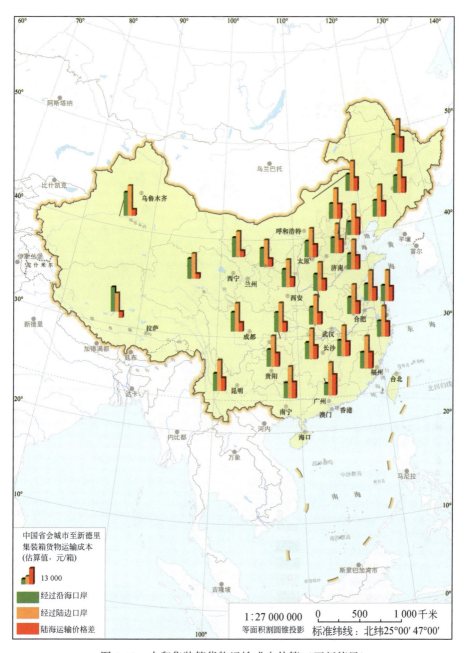

图 4-12　中印集装箱货物运输成本估算（至新德里）

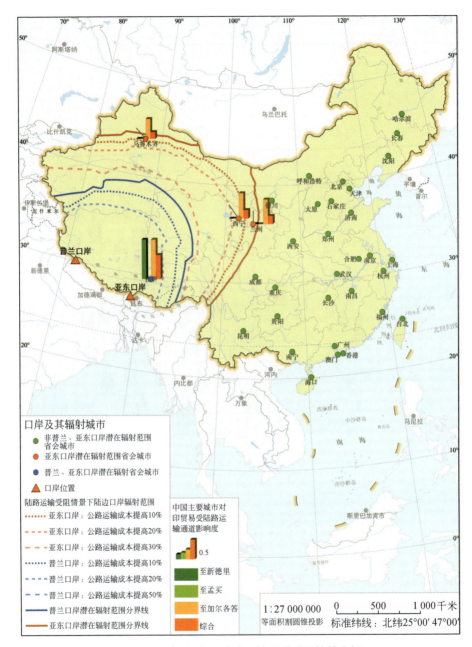

图 4-13　中国–印巴陆路运输通道受阻情景分析

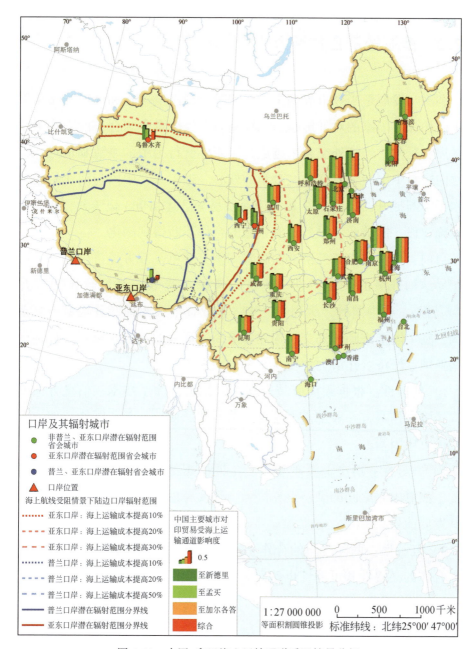

图 4-14　中国−印巴海上运输通道受阻情景分析

4.2.2　南亚经济合作潜力

　　和平与发展是当今世界的主题。伴随着经济全球化和区域一体化进程的不断加深，国家的对外影响力和控制力以经济竞争与合作的方式不断向外扩展和延伸，经济外交越来越成为国家外交行为中的主流和重点，经济议题向来是中国睦邻友好外交政策的核心。近年来，中国与南亚的经贸合作水平不断提升，2013 年中国与南亚贸易额已达到 963 亿美元，双方在基础设施建设、制造业、服务业等领域的合作不断得到深化。

　　目前，中国与南亚经济都面临着调整与变革，双方经济合作进入产业和贸易结构升级的关键时期，应着力考虑打造双方经贸合作的"升级版"。另外，在中国的"大周边"中，南亚逐渐成为地缘环境最为复杂的地区，是中国推进睦邻外交、构建和谐周边环境的重点与难点。评估中国与南亚国家经济合作潜力主要从 4 个方面入手。

　　1）便捷性：根据距离衰减原理可以知道，除了技术、信息方面的合作，经济合作双方一般都需要考虑运输成本。便捷性就成了影响双方合作前景的重要因素。

　　2）友好性：历史上及现实中，不同国家之间以邻为壑者并不少见。因此，测算国家之间的经济合作潜力，还要考虑各自双方之间的友好关系及其发展前景。

　　3）互补性：两国之间的合作，在其他条件相同的情况下，互补性越大，合作的必要性和可能性也越大。

　　4）潜力系数：把各国的经济和贸易的规模考虑进来，进一步测算其总体的合作潜力。

　　具体的评价方法详见 3.5.2 节。对南亚国家的评价结果见表 4-4 和图 4-15。

表4-4　我国与南亚五国的经济合作潜力对比

南亚国家	便捷系数	友好系数	互补系数	单位规模合作潜力系数	规模系数（亿美元）	经济合作潜力指数（亿美元）
印度	0.72	0.4	0.07	0.02	28 063.43	526.56
巴基斯坦	0.61	1.0	0.09	0.06	8 878.29	506.43
尼泊尔	0.88	0.8	0.18	0.12	2 745.92	339.17
不丹	1.00	0.5	0.01	0.01	1 038.48	6.67
孟加拉国	0.99	0.7	0.04	0.03	7 472.57	213.18

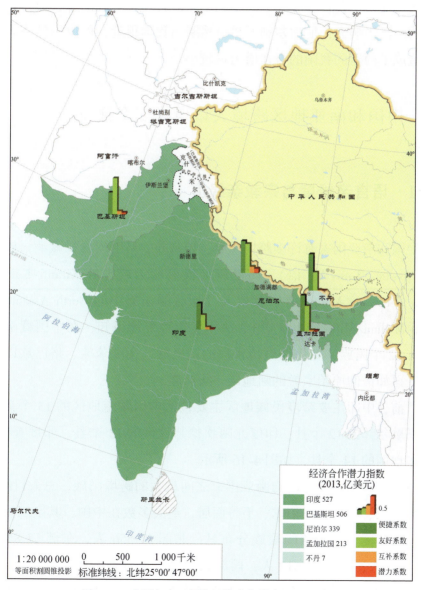

图4-15　中国与南亚国家经济合作潜力（2013年）

从评价结果可以看出，在南亚国家中，由于经济体量最大，印度与我国的经济合作潜力最大，但较低的友好度给双边合作带来了很大的不确定性。今后的经济合作中应强化双边互信，并结合政治力量大力推进经济外交，共同构建稳定的地缘环境；孟加拉国和巴基斯坦分别由于较高的友好度和便捷度排名第 2 位和第 3 位，应继续推进睦邻友好的外交政策，积极进行通道建设，并在平等互信的基础上，借助高友好度国家，提升我国在南亚的经济影响力；尼泊尔和不丹虽然距离我国很近，但由于经济规模较小，造成了两者同我国的合作潜力也较小。

4.3　中国和南亚地区跨境人口地缘安全评价

4.3.1　语言亲缘度与宗教亲缘度

中国和南亚国家有许多跨境民族，如藏族、珞巴族（操藏缅语族中的 North Assam、Tani-Adi 语）、门巴族（操藏缅语族中的 Kiranti-Kalaktang Monpa / Tawang Monpa 语）及僜人（操藏缅语族中的 North Assam-Tani-Digaro-Mishmi/Miju-Mishmi 语）。从印度年鉴统计得知，在中国藏南地区目前有 82 个民族，如信仰藏传佛教的门巴族、舍度苯族、珞巴族以及康巴族，再如信仰原始宗教的阿地族、阿加族。

目前，中印主要跨境民族地区主要包括中国藏南地区的 13 个县、印度西马歇尔邦的 12 个县、印度北阿坎德邦地区的 13 个县、印度查谟–克什米尔地区的 14 个县，如图 4-16 所示。

藏族是我国西南方向与南亚国家之间最大的跨境民族，总人口约 500 万，跨中国、印度、尼泊尔、不丹而居，绝大多数在中国，其余三国分布较少。在印度、尼泊尔的藏族分布是：北部 27 556 人，东部 17 848 人，中部 9722 人，南部 27 612 人，西部 1185 人，总人数约 9 万人。尼泊尔藏人总人数约 1.3 万人，主要分布在巴克马迪、道拉吉里、梅吉区、甘达基

藏南地区	喜马偕尔邦	北阿坎德邦	查谟-克什米尔地区	总人口(万人)
1 达旺县	14 昌巴县	26 北卡什县	39 库普瓦拉县	3~7
2 西卡门县	15 康格拉县	27 杰莫利县	40 巴拉穆拉县	7~15
3 东卡门县	16 斯必提县	28 鲁德勒布勒亚格尔县	41 斯利那加县	15~30
4 帕普派尔县	17 库尔卢县	29 特里加瓦尔县	42 巴格代县	30~40
5 下苏班西里县	18 曼迪县	30 德拉敦县	43 普尔瓦马县	40~55
6 上苏班西里县	19 哈默坡县	31 加瓦尔县	44 阿纳恩特纳格县	55~70
7 西桑朗县	20 乌纳县	32 比托拉格尔县	45 拉达克县	70~90
8 东桑朗县	21 比拉斯布尔县	33 巴盖什沃尔县	46 卡基尔县	90~160
9 上桑朗县	22 索兰县	34 阿尔莫拉县	47 多达县	
10 迪邦山谷县	23 斯尔毛县	35 金巴沃德县	48 乌达姆普尔县	
11 洛西特县	24 西姆拉县	36 奈尼塔尔县	49 宠奇县	
12 长朗县	25 金瑙尔县	37 乌俱辛那加县	50 拉贾乌里县	
13 特拉普县		38 哈德瓦县	51 查漠县	
			52 卡图瓦县	

图 4-16　中印边境地区各县总人口数及县代码与县名对照表（含未被中国承认的县）

区、萨加玛塔。1959 年西藏达赖集团叛逃，聚居在印度北部的达兰萨拉，现在人口约有 10 万左右，相比前面几个地区，这里是最为集中的地区。这个特殊的群体与"藏独"分裂势力交往密切，因此构成对我国国家安全的威胁。尼泊尔的谢尔巴人（夏尔巴人）是藏族的一支，人口约 11.47 万，与我国西藏的夏尔巴人是同一族源；印度的菩提亚人是我国藏民的后裔，人口有 13 万。不丹境内约有 5000 藏民，主要是 1959 年后陆续从我国西藏迁入。藏族自称博或博巴，居住在不同地域的藏族分支还有其他自称或他称，如藏巴、康巴、卫巴、安多瓦和嘉戎娃等。

　　门巴族是我国西南方向上跨中国、印度、不丹而居的跨境民族（不丹称为主巴族），人口约 80 万，主要在境外。我国的门巴族人约 5 万人，中国实际控制区有 10 561 人（2010 年人口普查数据）。主要分布在喜马拉雅山东南坡门隅地区和喜马拉雅山东段的雅鲁藏布江谷地区。整个门巴族地域北靠藏区，南与印度阿萨姆邦接壤，西与不丹为邻，东南与我国的珞瑜地区毗邻。门巴族都有自己的语言，属于汉藏语系藏缅语族。门巴族的跨境而居是在 1914 年西姆拉会议期间，英国炮制了非法的麦克马洪线，将门隅、珞瑜、下察隅等大部分地区划归英属印度。

　　珞巴族是我国西南方向上的跨境民族，主要分布在我国西藏和印度。目前总人口约 60 万，由于在本研究中我们主要讨论跨界民族，所以就只讨论后者。根据印度的统计，在印度的珞巴族有 30 万~50 万人，据中国 2010 的人口普查数据，在目前中国可以普查到的区域内的珞巴族有 3682 人。这说明珞巴人的人口主体在藏南地区。目前中国控制地区的珞巴族主要分布在西藏东起察隅、西至门隅之间的珞瑜地区，居住在雅鲁藏布江大拐弯处以西的高山峡谷地带。珞巴族内部落众多，主要有博嘎尔、宁波、邦波、德根、阿迪、塔金等。珞巴族有自己的语言，属汉藏语系缅藏语族，通用藏文。与这个两个民族相关的非传统安全问题是这些曾在 20 世纪 60 年代初为中印之战做过巨大贡献的民族，目前受到印度主体民族的压力。

　　在中印之间，跨境民族的最大问题是在印居住的藏族同胞身份问题。据中国国务院侨务办公室数据显示，目前境外藏胞数量约为 20 万人，除去定居印度的近11万人，以及生活在尼泊尔的3万多人，其他主要分布在31个国家和地区，以美国、加拿大、瑞士、英国、澳大利亚、新西兰为主（中国西藏网，2014）。在境外藏胞中，绝大多数是在1959年跟随十四世达赖喇嘛从西藏叛逃到印度、尼泊尔、不丹等地，这些流亡难民经常受到印度部族的欺压和迫害。与此同时，“流亡藏人”的困窘也给了“藏独”等分裂势力和其他别有用心的反华、扼华集团制造了可利用的契机和棋子。真正支持“藏独”的“流亡藏人”为数很少，他们之所以经常制造事端，正是受到“西藏流亡政府”以及“藏青会”等各种“藏独”组织的教唆和威胁。

根据1998年达赖集团的人口普查，印度藏人共有85 147人，其中绝大多数生活在藏人定居点以及定居点附近的藏人散居区里，占85.3%，只有少数人散居各地。根据印度的地区划分，藏人定居点主要分布在印度的5个地区，北部地区人口占28.84%，占最多数，其次分别是南部占27.92%，东部占18.26%，中部占8.83%，而印度西部则最少，只有1235人，仅占1.45%。

跨境民族的存在，增加了边境管理的复杂性，同时也为国家间经济、社会、文化交流提供沟通的便利性。复杂性和便利性都与民族之间的语言与宗教的亲缘性有密切联系。这些跨境民族大都使用藏语，在文化、生活习俗上与藏族极为相似。根据语言学和宗教学的谱系分类，将居住在中印边界印度一侧的跨境民族与我国藏族文化之间的亲缘度做一个定量评价。语言和宗教的亲缘度高，意味着民族间文化的相互理解性较强。

藏南地区的各宗教信仰分布如图4-17所示，以印度教和佛教为主，基督教、穆斯林和锡克教的人数较少。佛教主要分布在东部的达旺等地区，印度教多分布于南部地区。操各语族的人数分布如图4-18所示，以藏缅语为主，尤其在西部和北部等靠近西藏的地区。印度语多分布在南部地区，与印度教的分布趋势相似。喜马歇尔邦、北阿坎德邦、查谟–克什米尔地区大部分为印度语，宗教信仰也以印度教为主。北部的查谟–克什米尔地区分布有大量的穆斯林。语系和宗教信仰有明显的区域特征（图4-19、图4-20）。

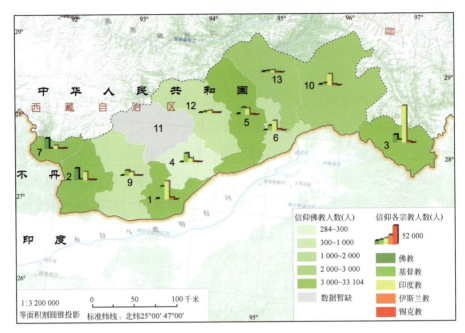

图 4-17　中国藏南地区各宗教信仰人数

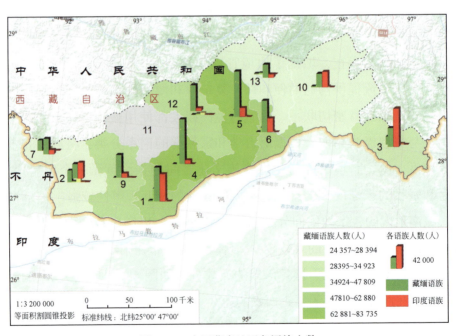

图 4-18　中国藏南地区各语族人数

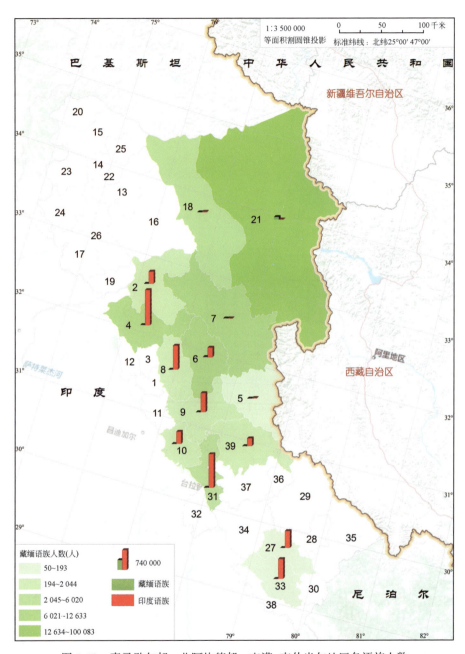

图 4-19　喜马歇尔邦、北阿坎德邦、查谟–克什米尔地区各语族人数

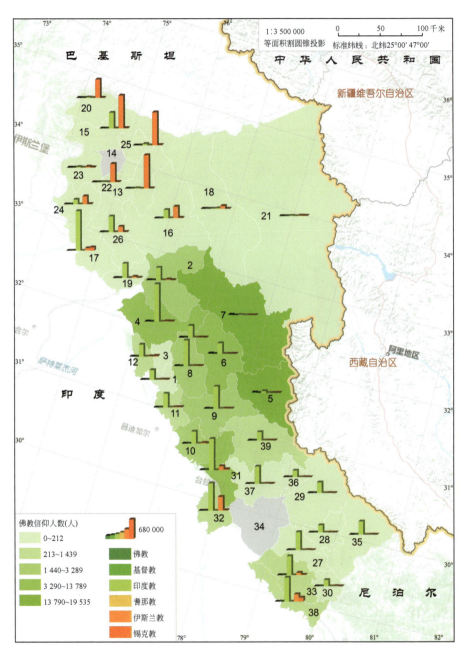

图 4-20　喜马歇尔邦、北阿坎德邦、查谟–克什米尔地区各宗教信仰人数

我们评价了中印边境地区与藏语的亲缘度、与藏传佛教亲缘度，结果如图4-21和图4-22所示。从图中可以看出，越接近西藏地区，中印边境地区与中国藏语亲缘度越高。喜马歇尔邦、北阿坎德邦、查谟-克什米尔地区的中国藏语亲缘度从东向西呈阶梯状分布。中国藏南地区的中国藏语亲缘度都较高。印度宗教信仰中以印度教为主。除喜马歇尔邦中部以及中国藏南西部等地区有较高的藏传佛教亲缘度外，中印边境地区与藏传佛教亲缘度都较低。

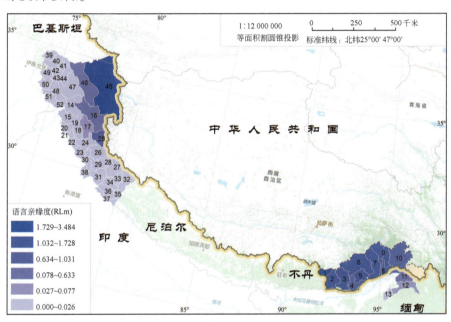

图 4-21　中印边境地区与中国藏语亲缘度

4.3.2　中国公民在印度各邦安全评价

中国公民主要分旅游和公务两种途径进入印度。旅游进入印度的中国公民主要是中国可以开展国际旅游业务的大旅行社组团的游客，少量是自助式的旅游。随着中国公民自由行的比例增加，这部分自助式旅游的游客也开始增加。他们的旅行地点主要以旅游景点为主。因公务进入印度的中

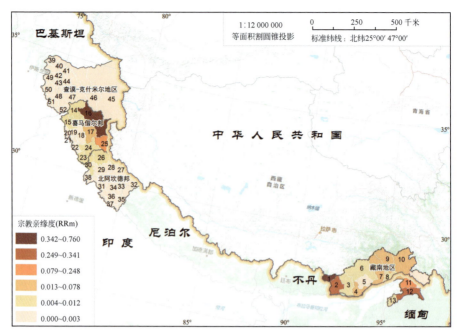

图 4-22　中印边境地区与藏传佛教亲缘度

国公民中，商人在印度停留的时间比开会停留的时间要长，因此我们主要考虑这类中国公民。

根据印度各邦案件发生率（犯罪率）确定当地社会不稳定系数，结合中国游客空间分布频次，分析社会风险事件发生对境外公民的综合影响，即确定境外该地区的中国公民为承载体受当地社会不稳定因素造成的风险系数，结果见表 4-5 和图 4-23。可以看出，印度地区风险系数最高的邦是印度中西部的德里邦、中央邦、拉贾斯坦邦和北方邦。此外，马哈拉施特拉邦虽然犯罪率并不高，但是因为中国旅游和务工者在那里的数量大，从而增加了中国公民在那些地区受到侵害事件发生的概率。

表 4-5　印度各邦地区犯罪率和风险系数

邦名	地区犯罪率（次/十万人）	受害易发度系数	地区风险系数
安德拉邦	235.24	0.1	23.52
阿鲁纳恰尔邦	216.22	0.1	21.62

续表

邦名	地区犯罪率（次/十万人）	受害易发度系数	地区风险系数
阿萨姆邦	200.08	0.1	20.01
比哈尔邦	147.80	0.1	14.78
恰蒂斯加尔邦	246.92	0.1	24.69
果阿邦	203.46	0.1	20.35
古吉拉特邦	244.34	0.1	24.43
哈里亚纳邦	261.74	0.1	26.17
喜马偕尔邦	229.95	0.1	22.99
查谟–克什米尔邦	203.12	0.2	30.47
贾坎德邦	143.57	0.1	14.36
卡纳塔克邦	241.32	0.1	24.13
喀拉拉邦	347.41	0.1	34.74
中央邦	342.27	1.4	479.18
马哈拉施特拉邦	212.89	0.3	63.87
曼尼普尔邦	146.00	0.1	14.60
梅加拉亚邦	99.96	0.1	10.00
米佐拉姆邦	223.84	0.1	22.38
那加兰邦	60.40	0.1	6.04
奥里萨邦	154.21	0.1	15.42
旁遮普邦	144.97	0.1	14.50
拉贾斯坦邦	267.53	1.5	401.30
锡金邦	134.97	0.1	13.50
泰米尔纳德邦	283.36	0.1	28.34
特里普拉邦	166.79	0.1	16.68
北方邦	101.68	3.0	305.05
北阿坎德邦	104.32	0.1	10.43
孟加拉邦	131.48	0.1	13.15
德里邦	356.30	1.5	534.46

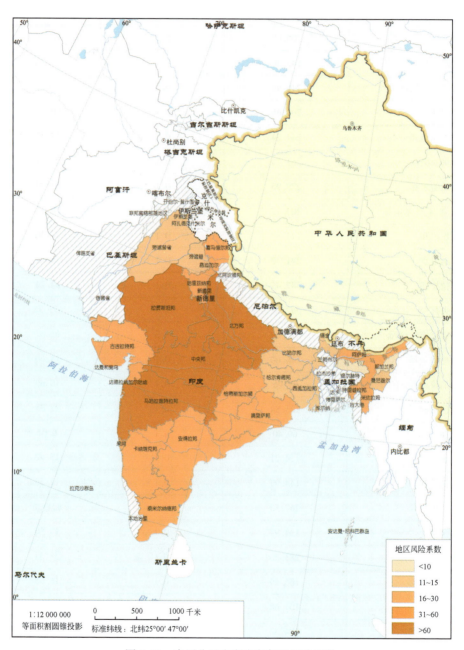

图 4-23　中国公民在印度各邦的风险系数

4.4　中印跨境水资源安全评价

4.4.1　雅江流域水资源状况

　　水资源和社会经济需水是国际河流水资源安全的重要影响因素。雅鲁藏布江–布拉马普特拉河（简称"雅江"）发源于我国西藏自治区，流经印度、孟加拉国，流域范围还涉及不丹，是一条重要的国际河流（图4-24）。雅江流域水资源基本状况和社会经济需水的时空分布特征和发展变化趋势，是流域水资源安全的重要影响因素，对该地区稳定和国际关系协调发展发挥重要作用。后面各图展示了雅江流域融雪量（图4-25）、产流量（图4-26）、汇流量（图4-27）、潜在蒸散发（图4-28）、实际蒸散发（图4-29）、降雨量（图4-30），以及径流深（图4-31）等的空间分布情况。

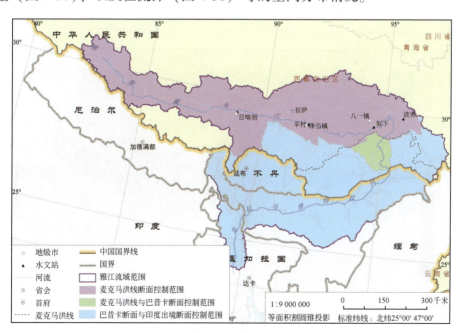

图 4-24　雅江主要断面及控制范围

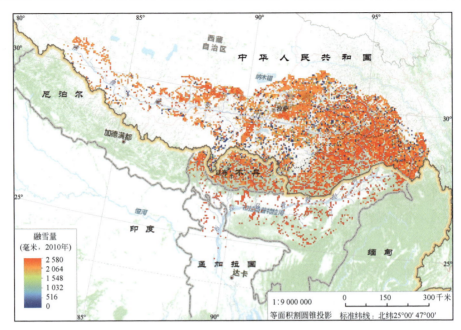

图 4-25　雅江流域融雪量

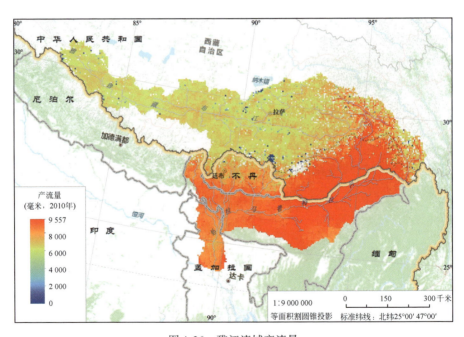

图 4-26　雅江流域产流量

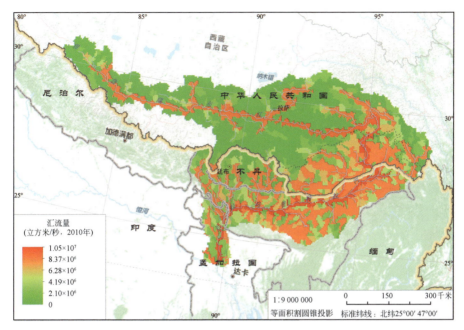

图 4-27 雅江流域汇流量

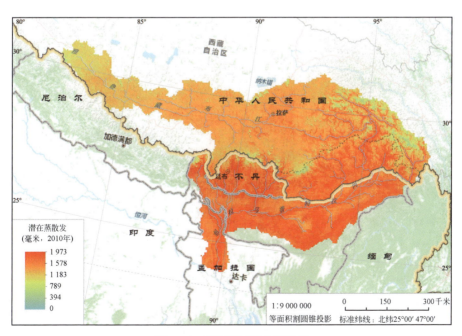

图 4-28 雅江流域潜在蒸散发

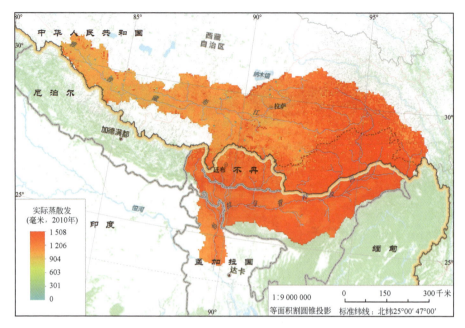

图 4-29　雅江流域实际蒸散发

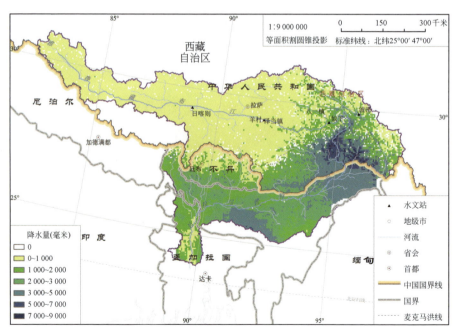

图 4-30　雅江流域降水量

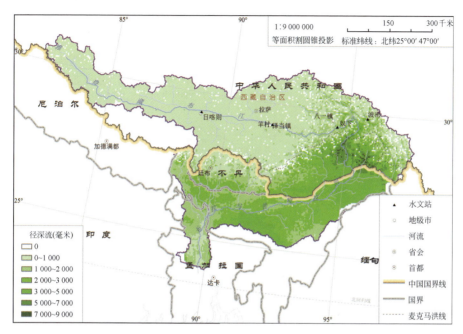

图 4-31　雅江流域径流深

4.4.2　雅江流域社会经济状况

雅江流域内印度人口所占比重最大，占流域总人口的63%，其次为孟加拉国，占流域总人口的33%，除上述两国外，流域其他部分占流域总人口的比例均较小，境内（不含争议区）占流域总人口的2%，争议区和不丹分别占流域总人口的1%（图4-32）。为了消除各部分面积大小的影响，本部分统计了单位面积人口密度，雅江流域人口密度最高的是孟加拉国，达到955人/平方千米，其次为印度，人口密度最低的是境内不含争议区部分，人口密度仅为5人/平方千米。研究表明，2001~2012年，人口增长最快的区域是印度，12年间人口增长了1000万人，年均增长率为2%，其次为不丹，12年间人口增长了14万人，年均增长率为1.7%，人口增长最慢的区域为孟加拉国，年均增长率为1.2%。从上述统计结果可得出，印度和孟加拉国在雅江流域是人口数量大、人口密度高，而争议区和不丹虽然人口基数小，但是增长速度较快，境内不含争议区部分无论从人口数量、密度、增长率来看，都是较小的区域。

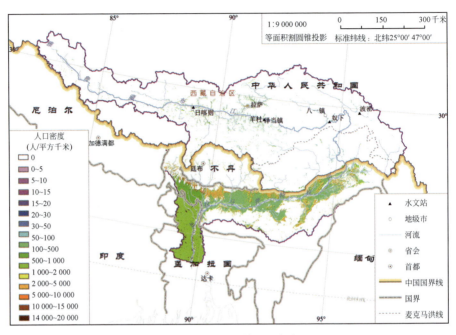

图 4-32　雅江流域人口密度

雅江流域内印度 GDP 所占比重最大，达到全流域的一半以上，占流域 GDP 的 56%，其次为孟加拉国，占全流域 GDP 的 31%，境内（不含争议区）占流域 GDP 的比重为 9%，争议区和不丹分别占 1% 和 3%（图 4-33）。雅江流域 GDP 密度最高的是孟加拉国，达到 48 万美元/平方千米，其次为印度，GDP 密度最低的是争议区，仅为 0.5 万美元/平方千米。研究表明，2001~2012 年，GDP 增长最快的区域是不丹，12 年间 GDP 增长了 130 207 万美元，年均增长率为 24%，其次为争议区，12 年间增长了 44 644 万美元，年均增长率为 23.4%；GDP 增速最慢的为孟加拉国，年均增长率为 13.4%。

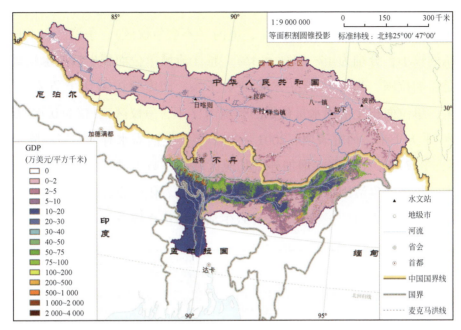

图 4-33 雅江流域 GDP

4.4.3 雅江流域社会经济需水

雅江流域虽然水资源总量较为丰富，但是水资源时空分布不均。随着社会、经济的快速发展，人口增长，流域各国对水资源的开发程度都在不断加大。雅江流域下游人口密集、耕地面积大，社会经济发展需水是该流域水资源开发利用的主要问题之一。本部分在 DTVGM 水文模型和社会经济需水估算模型构建的基础上，验证了径流模拟、社会经济要素空间化及需水估算的结果。部分基于经验证后的雅江流域产流量、径流量、空间栅格人口和 GDP 数据、社会经济需水数据等，结合国际河流特点，以流域涉及国家或地区为统计单元，分析雅江流域水资源和社会经济需水的时空格局和发展变化趋势。目的在于掌握雅江流域水资源的本底信息，为进一步分析雅江流域水资源安全提供基础。

雅江流域生活需水主要集中在流域下游（图 4-34）。在雅江流域内，印度生活需水在全流域生活需水中所占比重最大，其次为孟加拉国，分别占流域生活需水量的57%和37%，境内（不含争议区）、争议区和不丹所占比例较小，分别为4%、1%和1%。雅江流域单位面积生活用水量最高的是孟加拉国，为3.45万立方米/平方千米，印度为0.99万立方米/平方千米，单位面积生活用水量最低的是境内（不含争议区），仅为0.03万立方米/平方千米。研究表明，2001～2012年，生活需水有增有减，除境内（不含争议区）生活需水增加外，其他区域都是减少的，但是减少的幅度不大。各区域生活用水减少的可能原因是，随着供水设施完善、用水效率提高，再加上人口的正常波动，导致生活用水量小幅波动。

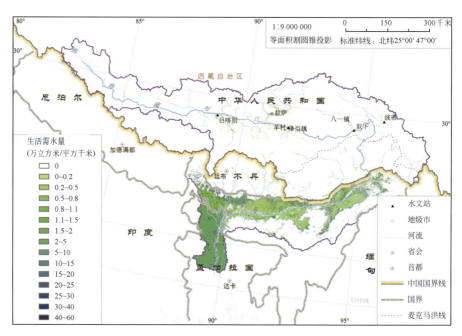

图4-34　雅江流域生活需水量

　　雅江流域灌溉需水主要集中在流域下游河道两岸地区（图4-35）。以这12年平均数据统计，灌溉需水在流域内印度所占比重最大，占流域灌溉需水量的56%，其次为孟加拉国，占流域灌溉需水的40%，除上述两国外，流域其他部分占流域灌溉需水的比例均较小，境内（不含争议区）占3%，争议区和不丹的灌溉需水几乎可忽略。为了消除各部分面积大小的影响，本部分统计了单位面积灌溉需水量，雅江流域灌溉需水量最高的是孟加拉国，达到 98 万立方米/平方千米，印度为 26 万立方米/平方千米，灌溉需水量最低的是不丹，仅为 0.42 万立方米/平方千米。2001 ~ 2012 年，灌溉需水量体平稳并略有增加，增幅最大的区域为不丹，年均增长速率为 9.7%，灌溉需水增幅较小的是孟加拉国，2012 年较 2001 年年均增加 0.8%。由于 2001 ~ 2012 年各区域需水均存在一定的年际波动，因此上述灌溉需水的时间变化特征并不一定是该区域的实际趋势，也有可能由于年际波动造成。从上述统计结果可得出，灌溉需水量较大的是印度和孟加拉国，其中孟加拉国的单位面积灌溉需水量最大，需水量随时间总体平稳并略有增加。

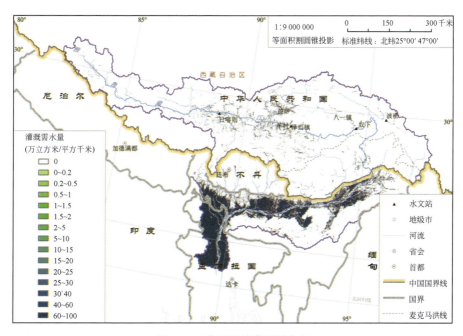

图 4-35　雅江流域灌溉需水量

　　雅江流域工业需水主要集中在流域下游河道两岸地区，尤其是印度阿萨姆邦雅江干流两岸（图 4-36）。由于工业需水主要集中在较大的城市和小城镇，空间分布并不广泛，2001 ~ 2012 年，工业需水的整体空间格局较为稳定，没有出现较大的空间变化。在雅江流域内，工业需水印度占比重最大，占流域工业需水量的 47%，其次为孟加拉国，占流域工业需水的 39%。此外，境内（不含争议区）工业需水也不可忽视，占全流域工业需水的 9%，争议区和不丹所占比例较小，分别为 1% 和 4%。雅江流域单位面积工业需水量最高的是孟加拉国，为 0.78 万立方米/平方千米，印度为 0.18 万立方米/平方千米，单位面积工业需水量最低的是争议区，仅为 0.01 万立方米/平方千米。2001~2012 年，工业需水总体呈增加趋势，增幅最大的区域为境内（不含争议区），年均增加 11.7%，工业需水增幅较小的是孟加拉，年均增加 3%。

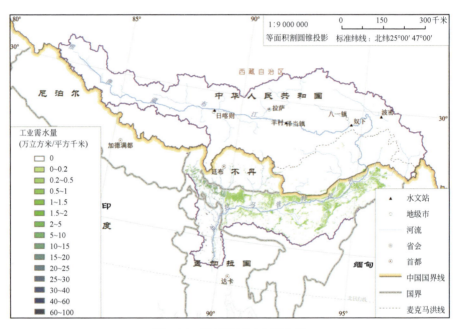

图 4-36　雅江流域工业需水量

雅江流域社会经济需水空间化估算结果如图 4-37 所示，雅江流域社会经济用水主要集中在流域下游。在雅江流域内，社会经济需水印度占比重最大，占全流域社会经济需水量的 56%，其次为孟加拉国，占全流域社会经济需水的 40%，境内（不含争议区）占 3%、争议区和不丹所占比例极小。雅江流域单位面积社会经济需水量最高的是孟加拉国，为 104 万立方米/平方千米，印度为 27 万立方米/平方千米，单位面积社会经济需水量最低的是不丹，仅为 0.61 万立方米/平方千米。从社会经济需水结构来看，灌溉需水占社会经济需水中较大的比重，其中争议区和不丹由于耕地面积较小，灌溉需水比重相对较小，但在其区域内部与其他需水分量相比，仍然占主导地位（图 4-37）。从 2001 年到 2012 年，社会经济需水总体呈增加趋势，增幅最大的区域为争议区，年均增长 2%，社会经济需水增幅较小的是不丹，年均增长 0.3%。

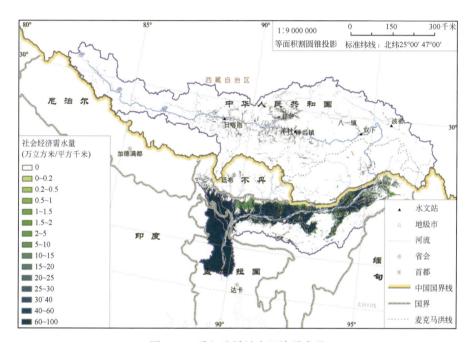

图 4-37　雅江流域社会经济需求量

4.4.4　雅江流域水胁迫与水资源安全

雅江流域涉及各区域中，孟加拉国多年平均水胁迫为 0.12，显著高于其他区域；水胁迫仅次于孟加拉国的是印度，多年平均水胁迫为 0.004；水胁迫最低的区域是争议区，多年平均水胁迫为 0.00005，其水胁迫几乎可忽略不计（图 4-38）。从上述对比可知，雅江流域水胁迫相对较高的区域是孟加拉国和印度，其他三个区域水胁迫均较低，几乎可忽略不计。总体而言，雅江流域水胁迫主要出现在雅江下游地区，主要涉及印度和孟加拉国；雅江中游和上游地区由于社会经济活动密度很低，社会经济需水少，因此基本没有水胁迫，只有局部地区出现级别不高的水胁迫。雅江流域下游虽然总体而言存在一定的水胁迫，但是也表现出明显的空间分异特征。2006～2012 年雅江干流沿岸地区水胁迫均较低，沿岸带水胁迫值普遍趋近于 0，主要原因在于雅江干流提供了丰富的水资源，为社会经济用水提供了充分保障。随着与雅江干流距离增加，水胁迫也表现出上升的趋势，喜马拉雅山脉以南到雅江干流之间的区域，虽然能从发源于喜马拉雅山脉的河流获得一定的水资源，但是其水胁迫较雅江干流也有一定的上升。距离河流干支流均较远的地区如雅江流域出口以西的地区，在部分年份（2006 年、2012 年）水胁迫值普遍高于 0.1，表现出较高的水胁迫，主要原因在于该区域到雅江干流有一定距离，无法从雅江干流获得水资源，自身产流能力有限，也无法从发源于水资源丰富地区的河流中获得水资源补给。

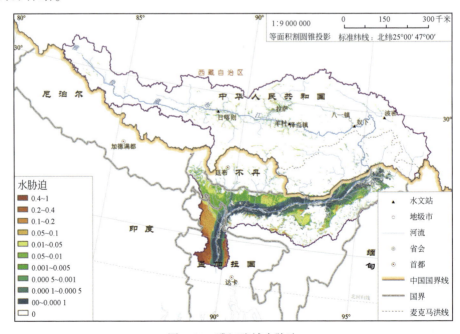

图 4-38　雅江流域水胁迫

4.5　地缘位势评价与南亚地缘环境特征

4.5.1　南亚地缘位势评价

地缘位势是一国受到地理相对位置和权力格局的相互作用所形成的政治势能，具体可分解为地缘距离、地缘重量和关系系数三个衡量指标。地缘位势中国家权力不仅来源于由地理、军事、经济、政治实力等物质因素，还来源于以相互依赖而形成的经济差异以及文化、意识形态、政治价值等非物质因素。不同地区由于地缘环境因素对国家权力的空间制约，使得不同地区权力的空间分布存在差异，进而形成不同的地缘位势。在一国领土范围内，军事实力的空间布局、经济发展不平衡、文化发展程度不一、地区地形复杂程度、交通便利度等都将影响到国家内部地缘位势的差异。在国家领土范围之外，地缘位势的差异则来自于距离国家领土远近、地形、海洋、国家军事实力的机动性、地缘环境，以及相互依赖形成的经济势差等。在当前形势下，通过武力解决争端已经显得不合时宜，而此时由相互依赖形成的经济势差和地区的地缘关系、地缘结构等对一国地缘位势的影响就显得尤为重要，如图 4-39 所示。

4.5.2　南亚地缘环境评价

地缘环境是在世界格局和区域格局下影响国家地缘政治行为的地理环境综合体，具有明显的国家安全和国家利益指向性、典型的自然属性与人文社会属性二元综合特征、显著的时空特征和多维网络化特征。地缘环境评价的一级指标体系由地理环境、地缘关系和地缘结构三部分组成。

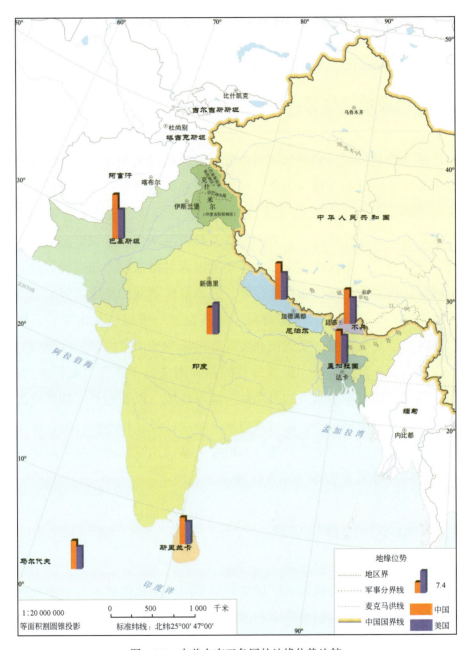

图 4-39　中美在南亚各国的地缘位势比较

我们对南亚地缘环境进行评价，评价指标体系和方法详见 3.5.8 节。其中，地理环境、地缘关系和地缘结构评价结果分别如图 4-40 ~ 图 4-42 所示，地缘环境评价结果如图 4-43 所示。从评价结果可以得出如下结论。

1）在南亚地理环境的人口经济环境中，印度占有绝对的优势；其次是马尔代夫和不丹；巴基斯坦、孟加拉国和斯里兰卡属于中等偏下水平，尼泊尔人口经济环境最差。

2）在南亚地理环境的社会文化环境中，斯里兰卡与马尔代夫发展最好，印度、巴基斯坦、孟加拉国、尼泊尔四国发展相当，不丹发展最为落后。

3）南亚地缘环境的地缘关系主要评价一国与南亚整体的地缘关系情况。在地缘经济关系方面，南亚大部分国家，如印度、巴基斯坦、孟加拉国、斯里兰卡和马尔代夫在经济贸易方面的联系比较薄弱。不丹和尼泊尔与南亚在贸易经济方面的联系比较强，其中不丹的对外贸易几乎全部来源于南亚内部。在地缘政治军事关系方面，印度与南亚其他国家之间的地缘政治、军事冲突最为明显，其次是巴基斯坦与孟加拉国，斯里兰卡、不丹、尼泊尔和马尔代夫在地缘政治、军事冲突方面比较小。在地缘社会文化关系方面，与地缘政治军事冲突一样，印度表现最为突出，而巴基斯坦、孟加拉国、不丹、尼泊尔由于地理空间位置关系，都不同程度存在社会文化方面的冲突，斯里兰卡和马尔代夫在地缘社会文化冲突方面比较弱。

4）在地缘结构方面，印度占据绝对的优势地位，其次是巴基斯坦，孟加拉国与斯里兰卡具有一定的影响力，而不丹、尼泊尔和马尔代夫在南亚地缘结构中的影响明显偏弱。

根据地缘环境评价的最终结果可以看出，南亚各国地缘环境状况呈现明显的空间分异特征。南亚各国的地缘环境状况大致可以划分为四类：第一类为印度，其在地理环境和地缘结构上占据优势，但是在地缘关系方面与南亚各国的地缘经济联系少，地缘政治、军事和社会文化矛盾冲突突出；第二类为巴基斯坦和孟加拉国，该类国家在地理环境方面处于劣势，

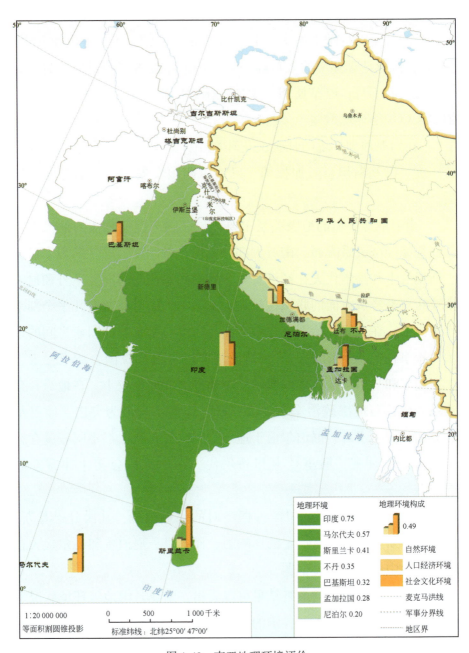

图 4-40　南亚地理环境评价

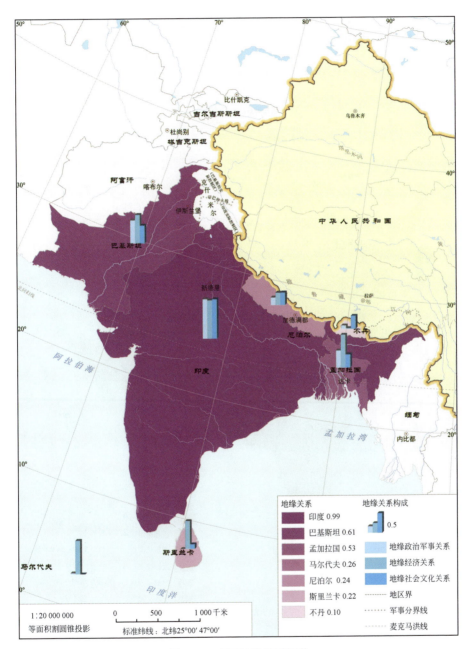

图 4-41　南亚地缘关系评价

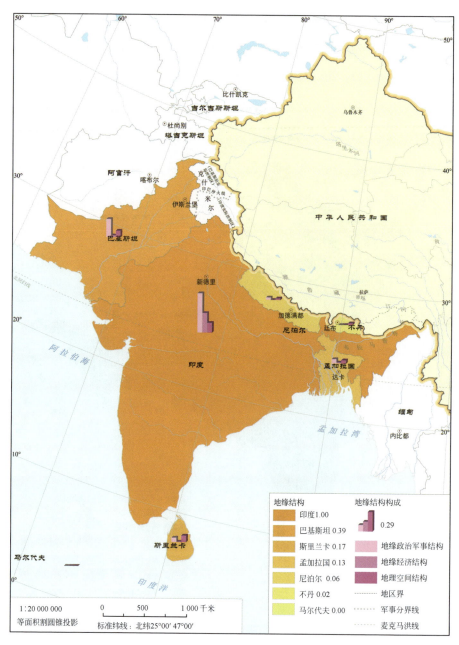

图 4-42　南亚地缘结构评价

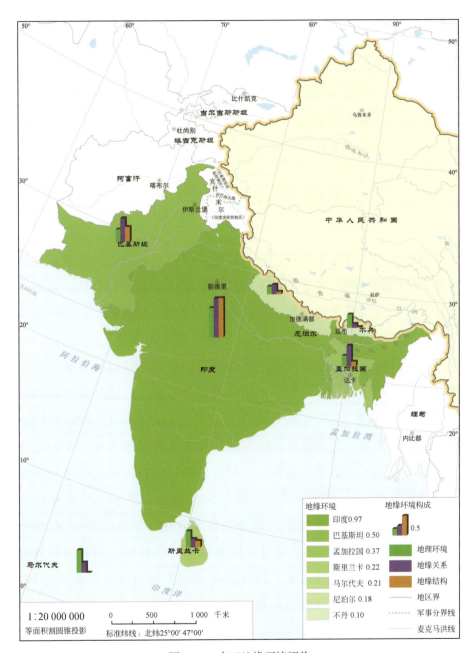

图 4-43　南亚地缘环境评价

但是在地缘结构上面还占据相当程度的优势，也正是因此其地缘关系的地缘政治、军事和地缘社会文化方面的矛盾冲突不断；第三类是斯里兰卡和马尔代夫，此两国地理环境发展状况良好，但是在地缘结构上面缺乏优势，跟南亚国家之间的地缘经济联系弱，在地缘政治军事和社会文化方面冲突也小；第四类是不丹和尼泊尔，此两国地理环境发展状况最差，在地缘结构方面几乎缺乏影响力，而且其地缘经济几乎全部依赖于南亚内部，在地缘政治军事和地缘社会文化方面存在一定程度的冲突矛盾。

4.6 南亚地缘环境单元划分

区划是依据区域的差异性进行的区域划分，是揭示地理现象在区域内共性和区域间异性的有效手段；地理区划是以地球表面的自然、经济、功能以及行政等区域等为对象而进行的地理区域划分的总称。地缘环境单元划分是以地理区划理论方法为基础，以国家周边和全球领域为划分对象，综合考虑多种地缘环境主导因素的区域划分，是地理区划的子类。

南亚地区地缘环境单元划分采用四级划分方法。一级地缘环境单元的边界即研究区边界，二级地缘环境单元边界为南亚四国国家级行政边界。南亚四国本底要素状况评价各指标权重的确定采用基于专家知识的层次分析法。南亚四国三级地缘环境单元的划分主要采用自然裂点法进行类型划分，以该类型界线为基础，结合先验知识进行综合判断，参考行政区界线，得到南亚四国三级地缘单元划分的初步方案，划分结果得到19个三级地缘环境单元，见表4-6。经过三级地缘单元划分后，南亚四国各地缘单元内的地缘环境要素的内部一致性和单元间差异性基本上都得以体现。但仍有少数单元由于内部地缘环境关联、位势要素空间分布特征较复杂，则进一步划分出四级地缘环境单元，见表4-7。各级单元划分如图4-44所示。

表 4-6　南亚四国一、二、三级地缘环境单元划分

一级单元	二级单元	三级单元	面积（平方千米）
南亚四国	巴基斯坦	巴阿中边境不稳定因素交错区	127 851
		巴基斯坦中部工业重点区	263 208
		巴基斯坦南部港口贸易区	702 645
	印度	印度首都政治经济文化繁荣区	116 394
		印度北部山地经济落后民族交往复杂区	125 966
		泛恒河平原工农业发达国家投资重点区	1 192 990
		印度西海岸工业与国际投资活跃区	637 962
		印度南部区域旅游繁荣区	793 298
		印度东部跨国移民与国际投资密集区	497 443
		印度东部农业为主经济水平较低区	81 440
		布拉马普特拉河流域水资源争端区	67 721
		锡金高山峡谷地形复杂区	7368
	孟加拉国	布拉马普特拉河下游水资源缺乏国际冲突易发区	24 762
		孟加拉国西部经济薄弱人口迁出区	43 659
		孟加拉国北部灌溉农业为主人口迁出区	5 617
		孟加拉国政治经济与港口贸易活跃区	71 719
	尼泊尔	尼泊尔首都政治经济繁荣区	30 102
		尼泊尔西北部地形复杂区	103 048
		尼泊尔东南部山地平原区	30 579
	不丹		
	克什米尔地区		

表 4-7　南亚四国四级地缘环境单元划分

三级单元	四级单元	面积（平方千米）
印度北部山地经济落后民族交往复杂区	喜马偕尔西部印度教人口聚居区	42 048
	喜马偕尔东部多种宗教、语族人口聚居区	23 389
	北阿坎德印度教、印度语族人口聚居区	60 529
布拉马普特拉河流域水资源争端区	布拉马普特拉河西部山前平原水资源丰富区	11 302
	布拉马普特拉河南部山地丘陵水资源自给区	27 605
	布拉马普特拉河冲积平原水旱灾害频繁水资源消耗区	67 721
	布拉马普特拉河东部山地平原水资源丰富区	15 593
尼泊尔首都政治经济繁荣区	樟木-加德满都边贸往来活跃区	10 082
	樟木-加德满都边贸往来辐射区	20 020
锡金高山峡谷地形复杂区	亚东-锡金南部边贸往来活跃区	3 351
	锡金北部边贸往来薄弱区	4 017

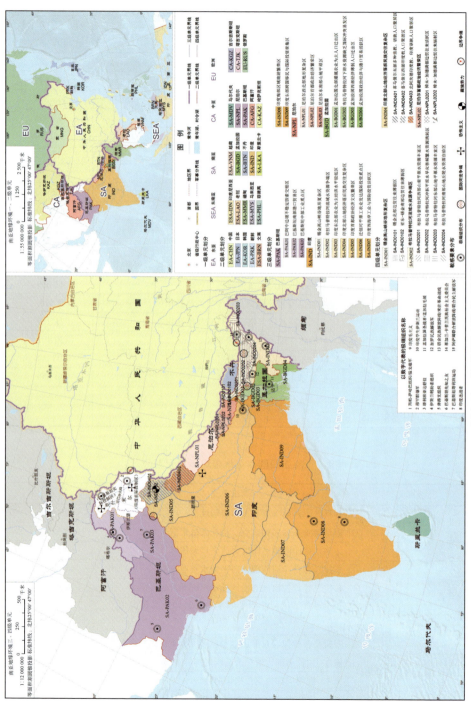

图4-44 南亚地缘环境单元划分

第 5 章　结论与展望

5.1　结论

地缘环境是在世界格局和区域格局语境下影响国家地缘政治行为的地理环境综合体，具有明显的国家安全和国家利益指向性、典型的自然属性与人文社会属性二元综合特征、显著的时空特征和多维网络化特征。迄今为止，在世界范围内，融地理学、测绘学、国际关系等相关学科交叉融合开展的地缘环境研究尚处起步阶段，国际上也难有现成的地缘环境的经典概念、完整的要素构成和指标体系。因此，本研究处于国际学术问题的探索领域。

在"十二五"国家科技支撑项目"数字周边构建与地缘环境建模关键技术研究"（2012BAK12B00）的子课题"周边地缘环境信息建模与安全评估关键技术研究"的支持下，本书从地理信息系统的角度出发，对中国周边地缘环境进行了以下三个方面的探索性工作。

（1）中国周边地缘环境信息数据库构建

我们首先从地缘环境的基本概念出发，将地缘要素分为本底要素、关联要素和位势要素三大类，建立了相对应的本底、关联和位势三个层次的地缘环境信息数据库指标体系，设计了数据存储规范，并从多源数据渠道获取数据，构建了基于 GeoDatabase 的中国周边地缘环境信息数据库。针对周边地缘环境数据的多空间尺度、多时间尺度特征，我们将某个主题同一空间尺度下不同时间尺度的数据存储在同一张数据表中，不同的空间尺度下的数据存储在不同的数据表中，这样的存储方式使得空间数据与非空间数据存储相一致，使数据库管理更加方便。同时，每一个指标的元数据（指标名称、编号、代码、单位、描述、时间分辨率、尺度、要素类型等）都保存在一张指标描述表中，使得数据的检索更加快捷。

（2）中国周边地缘环境信息系统开发

在中国周边地缘环境信息数据库的基础上，我们在.NET平台下基于ArcObjects进行二次开发，开发了中国周边地缘环境信息系统原型，提供了中国周边地缘环境的信息浏览、数据查询，以及基于这些数据的分析、评价和可视化等功能。该系统实现了玫瑰图分析、经济合作潜力评价、国家控制力评价、三角稳定关系评价、中国公民在印度各邦安全系数评价、语言亲缘度评价、宗教亲缘度评价、地缘环境评价、地缘位势评价和RS-DTVG水胁迫10个地缘环境分析模型，为中国周边地缘环境解析与制图提供了支持。

在具体的技术实现上，系统在逻辑上使用三层架构：控制器（Controller）、视图（View）和模型（Model），在模型和地缘环境数据库之间还有一个数据访问对象（Data Access Object，DAO）。数据访问对象实现数据库连接、空间数据和非空间数据查询和存储功能；模型层包含数据查询模型、分析模型和制图模型三大类；视图层负责提供人机交互界面，让用户提供查询参数并呈现结果。与模型相对应，视图也分为三大类：数据查询视图、模型分析视图和制图可视化视图；控制器层负责将用户的操作转化为程序逻辑并交由模型去实现，以及选择相应的视图将模型结果展现给用户。

（3）中国周边地缘环境专题制图

基于地缘环境信息数据库的基础数据和周边地缘环境信息系统，我们制作了中国周边地缘环境（主要以南亚为研究区）的系列专题图，共计四十余幅专题图，阐述了中国周边地缘环境基本特征。系列专题图分为以下六大部分。

1）中国与周边国家基本状况。我们从中国与周边国家在世界上所处的地理位置出发，总结了这些国家的人口与社会经济发展状况，指出中国处于世界地缘政治的重要位置；总结了中国边境与南亚地区存在的影响地区和平与稳定的一系列敏感要素，包括：边界与领土争端、西藏问题、恐怖主义、极端组织、水资源争端、毒品问题，以及克什米尔问题；最后，基于前人的研究，我们构建了中国和周边国家的综合实力评价框架，应用此模型对中国和周边国家 2000 年和 2012 年的综合实力进行了计算，并采用变形地图进行可视化。结果表明，2000 年，综合实力前五强依次为日本、中国、韩国、俄罗斯和印度。2012 年，中国上升至第一位，其后依次是日本、俄罗斯、韩国和印度。2012 年综合实力后五位依次是尼泊尔、缅甸、塔吉克斯坦、阿富汗和朝鲜。2010 年，中国的硬实力超出其他国家，其后依次为俄罗斯、日本、韩国和印度。但中国软实力仍有不足，排在日本之后，其后依次为韩国、俄罗斯和马来西亚。

2）中国和南亚地区经济关联度评价。我们构建了中国与南亚海陆贸易通道互馈评价模型，选择中国省会城市与印度主要城市（首都新德里、加尔各答和孟买）作为货物运输的起点与终点，计算了中印集装箱货物经陆路和海路运输成本的估算值。结果表明：①只有海上交通成本大幅度提高后，中国和南亚的陆边口岸的辐射范围才到中国的中部地带，沿海地带的经济发达地区基本上不会通过中国和南亚的陆边口岸与印度发生关联；②从交通的通达程度来计算，普兰口岸的辐射范围小于亚东口岸；③目前亚东和普兰口岸的辐射范围只在西藏、新疆和青海的大部分地区；④当海上运输成本相对于陆上运输成本逐渐提高后，普兰和亚东口岸的辐射范围会逐渐增加，反之则逐渐减少。

我们应用中国与南亚经济合作潜力评价模型评价了中国与南亚国家的经济合作潜力。结果表明，印度与我国的经济合作潜力最大（因为经济体量大），但较低的友好度给双边合作带来了很大的不确定性；巴基斯坦和孟加拉国分别由于较高的友好度和便捷度分别排名第二和第四；尼泊尔和不丹虽然距离我国很近，但由于经济规模较小，造成了二者同我国的合作潜力也较小。

3）中国和南亚地区跨境人口地缘安全评价。我们应用语言亲缘度评价模型、宗教亲缘度评价模型对中印边境地区与中国藏语亲缘度、与藏传佛教亲缘度进行了评价。结果表明：第一，在中印边界印度一侧的、相邻的县级行政单元中，语言的亲缘度的呈现为随地理距离衰减的特征，即将中国的藏族作为比较的标准，那么越靠近中国一侧的地区，亲缘度越高。这说明地理距离影响了中印边界两侧的人们沟通频次，进而影响了语言的相似性。第二，在中印边界印度一侧的、相邻的县级行政单元中，宗教的亲缘度并未呈现随地理距离衰减的趋势，与中国藏族宗教亲缘度高的地区呈现斑块状的分布。宗教既是信仰，更是一种社会组织形式。造成宗教亲缘度高的原因有两个，一为那些地区的宗教类型的确与佛教中的黄教一致，二为信仰该教派的人口占区域人口总数的比例高。

同时，我们结合印度各邦地区犯罪率对中国公民在印安全系数进行了评价，结果表明位于中西部的德里邦、中央邦、拉贾斯坦邦和北方邦是风险系数最高的地区。

4）中印跨境水资源安全评价。我们进行了雅江流域水胁迫计算和水资源开发情景模拟，结果表明雅江流域水胁迫的总体空间格局表现为上游水胁迫极低、下游水胁迫略高，下游雅江干流沿岸地区水胁迫显著低于远离干流的地区，水胁迫较高的区域主要分布在印度和孟加拉国。

5）地缘位势评价与南亚地缘环境特征。南亚地缘环境特征分析表明南亚各国地缘环境状况呈现明显的空间分异特征，依据这些特征，我们把南亚国家分为四类：第一类为印度；第二类为巴基斯坦和孟加拉国；第三类是斯里兰卡和马尔代夫；第四类是不丹和尼泊尔。

6）南亚地缘环境单元划分。我们在综合利用地缘单元划分模型基础上，构建了南亚地缘单元划分技术体系，将南亚划分为四级地缘环境单元，其中三级地缘环境单元有 19 个，四级地缘环境单元有 11 个。南亚地缘环境单元分区的实例研究表明，作为一种新型的地缘环境单元划分方法体系，该方法有助于快速把握周边地缘环境的总体格局，并有助于加深对重点地区地缘环境态势的认识，能为周边外交和周边地缘环境分析提供信息支持。

5.2　展望

由于我们对周边地缘的研究还处于摸索阶段，因此无论从理论上还是从方法上，我们的研究还存在很多的可改进之处。总体来说，主要包括以下几个方面。

第一，从数据模型的角度，我们构建的中国周边地缘环境信息数据库主要存储的是统计数据，处理的是常规的矢量和栅格数据，它本质上还是传统的关系型数据库，没有对多源异构数据提供良好的支持。众所周知，地缘环境信息极其复杂，从数据类型上看，它包含社会经济、生态环境、政治军事、战略资源等；从数据表现形式上看，有矢量、栅格、文字、图片等；从数据获取方式上看，有传统的测量、编绘、实地调查、问卷，还有开放的众包地理信息等。这些数据还具有多空间尺度、多时间尺度、动态、交互和海量特征。因此，下一步的研究应该对地缘环境数据进行综合集成建模。

第二，从地理信息服务的角度，我们开发的地缘环境信息系统还只是桌面版的系统，不能以 Web 服务平台的方式进行数据和模型共享。当前网络化、信息化的发展，使得地理信息服务已深入到人们生活的各个角落，有些甚至并不为人们所察觉。为此，下一步的工作应该在此基础上建立周边地缘研究的 Web 服务平台，针对不同层次的用户，提供与之相适应的功能。对于普通大众用户，主要提供信息浏览功能，同时也可实现公众参与的实时信息获取功能；对于地缘环境的研究人员，提供地缘环境数据和处理模型服务；对于决策者和管理人员，提供实时的地缘环境信息服务，以及定期的决策咨询报告等。

此外，地缘环境的研究涉及多学科的交叉和融合，诸如地理学、国际关系、地缘政治、空间信息、外交等。服务于外交工作的地缘环境研究在我国属于一项开创性的工作，相关的研究急需加强并不断深入。如何综合各学科的优势，针对外交工作需求，建立相关的数据标准体系，整合空间、地理、国际关系、外交乃至人文宗教等多方面的信息，从宏观上研究中国的地缘政治与地缘经济战略，在中观上开展周边地缘环境风险与防范研究周期性、实时性地为外交工作提供周边各类地缘环境信息的综合更新与周边态势预估预判乃至评价等集成化服务，是下一步研究的重点内容。

参 考 文 献

北京师范大学.2013a. 中国周边地缘研究中心. http：//geog. bnu. edu. cn/jgsz/？link = zbdy
　　［2015-08-21］.

北京师范大学.2013b. "周边地缘环境解析与可持续发展" 国际研讨会举办. http：//
　　www. bnu. edu. cn/xzdt/52389. html［2015-08-21］.

陈军，葛岳静，华一新，等.2013. "数字周边" 总体架构与研究方向. 测绘通报，(2)：1-4.

陈军，华一新，王发良，等.2012. 数字国界构建技术研究与工程实践. 测绘学报，41 (6)：
　　791-796.

杜德斌，范斐，马亚华，等.2012. 南海主权争端的战略态势及中国的应对方略. 世界地理研
　　究，21 (2)：1-17.

杜德斌，马亚华.2012. 中国崛起的国际地缘战略研究. 世界地理研究，21 (1)：1-16.

樊基仓，李英改，李斌，等.2010. 印度对布拉马普特拉河的开发及其跨境影响. 世界地理研
　　究，19 (4)：84-90.

国务院新闻办公室.1992. 西藏的主权归属与人权状况. http：//www. scio. gov. cn/zfbps/ndhf/
　　1992/Document/308015/308015. htm［2015-08-28］.

胡焕庸.1935. 中国人口之分布——附统计表与密度图. 地理学报，2 (2)：33-72.

胡志丁，曹原，刘玉立，等.2013a. 我国政治地理学研究的新发展：地缘环境探索. 人文地
　　理，28 (5)：123-128.

胡志丁，葛岳静，鲍捷，等.2013b. 南亚地缘环境的空间格局与分异规律研究. 地理科学，
　　33 (6)：685-692.

黄凤志，吕平.2011. 中国东北亚地缘政治安全探析. 现代国际关系，6：36-41.

李莉，楼春豪.2008. 孟买恐怖袭击及其影响. 现代国际关系，6 (12)：22-25.

李彦明，张昆.2009. "金新月" 毒品对新疆渗透态势及侦查思路. 新疆警官高等专科学校学
　　报，29 (4)：18-22.

刘鹏.2013. 中印在跨界河流上的利益诉求与相互依赖——以雅鲁藏布江—布拉马普特拉河为
　　例. 南亚研究，4：004.

毛汉英.2014. 中国周边地缘政治与地缘经济格局和对策. 地理科学进展，33 (3)：289-302.

南都周刊.2010. 纳萨尔派刺痛印度. http：//www. nbweekly. com/news/world/201006/12114. aspx
　　［2015-08-28］.

宋德星.2004. 南亚地缘政治构造与印度的安全战略. 南亚研究，(1)：20-26.

索尔·利恩．2011．地缘政治学——国际关系的地理学．上海：上海社会科学院出版社，343-366．

王刚．2002．冷战后的泛突厥主义和"东突"恐怖主义．北京：外交学院硕士学位论文．

王淑芳，葛岳静，曹原，等．2014．中国周边地缘影响力的建模与测算——以南亚为例．地理科学进展，33（6）：1-10．

王淑芳，葛岳静，刘玉立，等．2015．中美在南亚地缘影响力的时空演变及机制．地理学报，70（6）：864-878．

吴殿廷，杨欢，耿建忠，等．2014．金砖五国农业合作潜力测度研究．经济地理，34（1）：121-127．

吴殿廷，赵林，张明，等．2015．三角稳定原理与中国的外交策略．北京师范大学学报（自然科学版），51（1）：100-106．

阎学通，徐进．2008．中美软实力比较．现代国际关系，1：24-29．

阎学通，周方银．2004．国家双边关系的定量衡量．中国社会科学，6：90-103．

杨吾扬．1995．论中国发展的地缘环境．大自然探索，14（51）：7-10．

约瑟夫，王缉思．2009．中国软实力的兴起及其对美国的影响．世界经济与政治，（6）：6-12．

中国西藏网．2014．境外藏胞寄人篱下 故土难回乡愁常在．http：//www.tibet.cn/news/index/xzyw/201407/t20140708_ 2006255. htm［2015-08-27］．

中国政府网．2015．国情．http：//www.gov.cn/guoqing/［2015-08-26］．

周秋文，杨胜天，蔡明勇，等．2013．基于事件数据的雅鲁藏布江-布拉马普特拉河国际河流安全分析．世界地理研究，22（4）：127-133．

Anderson E W. 1999. Geopolitics：International boundaries as fighting places. The Journal of Strategic Studies，22（2-3）：125-136.

Chang C L. 2004. A Measure of National Power. Kuala Lumpur：An international seminar at the National University of Malaysia.

Chen J，Li C M. 2001. A Voronoi-based 9-intersection model for spatial relations. International Journal of Geographical Information Science，15（3）：201-220.

Chen J，Li R，Dong W. 2015. GIS- based borderlands modeling and understanding：A perspective. ISPRS International Journal of Geo-Information，4（2）：661-676.

Chen J，Lu M，Chen X，et al. 2013. A spectral gradient difference based approach for land cover change detection. ISPRS Journal of Photogrammetry and Remote Sensing，85：1-12.

Cline R S. 1975. World Power Assessment：A Calculus of Strategic Drift. Boulder：Westview Press.

ESRI. 2015. 地理数据库的类型. http：//desktop. arcgis. com/zh- cn/desktop/latest/manage- data/ geodatabases/types-of-geodatabases. htm ［2015-08-22］.

German F C. 1960. A tentative evaluation of world power. Journal of Conflict Resolution，4：138-144.

Greene R，Devillers R，Luthen J E，et al. 2011. GIS- based multiple- criteria decision analysis. Geography Compass，5（6）：412-432.

Hafeznia M R，Zarghani S H，Ahmadipor Z，et al. 2008. Presentation a new model to measure national power of the countries. Journal of Applied Sciences，8：230-240.

Höhn K H. 2014. Geopolitics and the Measurement of National Power. Hamburg：der Universität Hamburg PhD Thesis.

ISPRS. 2013. ISPRS Archives- ICWG IV/II/VIII ISPRS/IGU/ICA Joint Workshop on Borderlands Modelling and Understanding for Global Sustainability 2013 （Volume XL- 4/W3）. http：// www. int- arch-photogramm-remote-sens-spatial-inf-sci. net/XL-4-W3/index. html ［2015-08-21］.

Jones C B，Kidner D B，Luo L Q，et al. 1996. Database design for a multi-scale spatial information system. International Journal of Geographical Information Systems，10（8）：901-920.

Kadera K，Sorokin G. 2004. Measuring national power. International Interactions，30（3）：211-230.

Mackinder H J. 1904. The geographical pivot of history. Geographical Jounnal，23（4）：437-444.

Malczewski J. 2006. GIS － based multicriteria decision analysis：a survey of the literature. International Journal of Geographical Information Science，20（7）：703-726.

Mattos M，Viana L. 1977. A geopolítica e as projeções do poder. Rio de Janeiro：Biblioteca do Exército.

Nye J S. 2004. Soft power：The means to success in world politics. New York：Public Affairs.

Small M，Singer J D. 1982. Resort to arms：International and civil wars，1816-1980. Los Angeles：Sage Publications，Inc.

Spykman N J. 1942. America's strategy in world politics：the United States and the balance of power. Transaction Publishers.

Spykman N J，Nicholl H R. 1944. Geography of the Peace. San Diego：Harcourt.

Wang S，Cao Y，Ge Y. 2015. Spatio-temporal changes and their reasons to the geopolitical influence of China and the US in South Asia. Sustainability，7（1）：1064-1080.

Wolf A T，Yoffe S B，Giondawo M. 2003. International waters：Identifying basins at risk. Water policy，5（1）：29-60.

WorldBank. 2012. China 2030：Building a modern, harmonious, and creative, high- income society. http：//www. worldbank. org/content/dam/Worldbank/document/China-2030-complete. pdf

［2014-10-07］．

Yan X. 2008. Xun Zi′s thoughts on international politics and their implications. The Chinese journal of international politics, 2（1）：135-165.

Yoffe S, Woll A T, Giordano M. 2003. Conflict and cooperation over international freshwater resources：Indicators of basins at risk. Journal Of The American Water Resources Association, 39（5）：1109-1126.

附　　录

附录 1　主要数据来源

1. 矢量数据与底图数据

中国及周边国家矢量数据，包括国家级/省/邦/县级行政区划、首都/首府/城市、主要自然地理要素（如河流、湖泊等）以及社会经济要素（如道路交通线等）。

1）国家基础地理信息系统：http：//nfgis. nsdi. gov. cn/nfgis/Chinese/c_ xz. htm.

2）测绘科学数据共享服务网：http：//sms. webmap. cn.

3）NaturalEarth：http：//www. naturalearthdata. com/.

4）ArcGIS Online：http：//www. arcgisonline. cn/.

2. 社会经济数据

1）CNKI 中国经济社会发展统计数据：http：//tongji. cnki. net.

2）中国年鉴网络出版总库：http：//acad. cnki. net.

3）世界银行 http：//data. worldbank. org.

4）联合国世界人类发展报告数据库：http：//hdr. undp. org/en.

5）世界经济论坛：http：//www. weforum. org/.

6）国际货币基金组织：http：//www. imf. org/external/.

7）联合国货物贸易数据库：http：//comtrade. un. org.

3. 生态环境数据

1）联合国环境规划署网站 http：//www. unep. org/chinese/.

2）马里兰大学：http：//glcf. umiacs. umd. edu/data/；http：//glcfapp. glcf. umd. edu：8080/esdi/index. jsp.

3）中国资源卫星应用中心：http：//www. cresda. com/.

4）NASA：http：//ltdr. nascom. nasa. gov/cgi- bin/ ltdr/ ltdrPage. cgi？fileName＝products.

5）NOAA：http：//www. ngdc. noaa. gov/ngdcinfo/onlineaccess. html.

6）ESA（欧洲太空局）：http：//earth. eo. esa. int/level3/meris- level3/.

7）联合国粮农组织生态－土壤数据：http：//www. fao. org/nr/land/databasesinformation- systems/en/.

4. 政治军事数据

1）洛桑国际管理研究院（international management development, IMD）全球竞争力报告：http：//www. imd. org/research/ publications/wcy/upload/Overall_ ranking_ 5_ years. pdf.

2）世界经济论坛（World Economic Forum，WEF）全球竞争力排名：http：//www. weforum. org/reports.

3）斯德哥尔摩国际和平研究所（Stockholm International Peace Research Institute，SIPRI）：http：//www. sipri. org/，http：//www. sipri. org/ research/armaments/milex/milex_ database.

5. 语言亲缘度与宗教亲缘度

1）中国社会科学院语言研究所 . 2012. 中国语言地图集 . 第 2 版 . 北京：商务印书馆 .

2）印度国家统计局：http：//mospi. nic. in/Mospi ＿ New/site/home. aspx.

3）美国不列颠百科全书公司 . 2007. 不列颠百科全书（国际中文版）. 修订版 . 北京：中国大百科全书出版社 .

6. 中国公民在印度安全评价

South asia terrorism portal（SATP）：http：//www. satp. org/satporgtp/countries/india/database/indiafatalities. htm.

7. 地缘位势评价

1）中华人民共和国外交部网站：http：//www. fmprc. gov. cn/.

2）中国高等教育学会外国留学生教育管理分会：www. cafsa. org. cn/.

3）联合国货物贸易数据库：http：//comtrade. un. org.

8. 水文事件

流域事件数据库：http：//www. transboundarywaters. orst. edu/research/basins＿ at＿ risk/.

附录 2　综合国力评价指标体系

附表 1　硬实力指标体系

指标名称	2012 年评价 所用数据年份	2000 年评价 所用数据年份	数据来源 [①]
资源与能源实力（R）			
人力资源			
总人口数	2013	2000	WDI
出生时预期寿命	2012	2000	WDI
高等院校入学率（%）	2011~2012	1999~2003	WDI
人口增长率（%）	2013	2000	WDI
土地资源			
陆地面向（平方千米）	2013	2000	WDI
耕地面积比例（%）	2012	2000	WDI
能源			
能源净进口	2011	2000	WDI
能源产量（千克石油当量）	2011	2000	WDI
经济实力（E）			
数量指标			
GDP（美元）	2012	2000~2001	WDI
工业和服务业贸易额（美元）	2009~2012	—	WDI
总储备（美元）	2013	2000	WDI
质量指标			
人均 GDP（美元）	2013	2000	WDI
GDP 单位能源消耗量（以 2011 年购买力平价计算的千克石油当量）	2011	2000~2004	WDI
GDP 增长率（%）	2013	2000	WDI
经济结构			

指标名称	2012 年评价 所用数据年份	2000 年评价 所用数据年份	数据来源 ①
工业增加值（% of GDP）	2012	2000 ~ 2001	WDI
服务业增加值（% of GDP）	2012	2000	WDI
科技实力（T）			
投资			
研发支出（美元）	2002 ~ 2012	2000 ~ 2002	WDI
研究			
研发（R&D）人员（每百万人）	2002 ~ 2012	2000 ~ 2002	WDI
科技论文数量	2011	2000	WDI
专利申请量（居民和非居民）	2010 ~ 2012	2000	WDI
经济贡献			
高科技出口额（美元）	2007 ~ 2012	1998 ~ 2001	WDI
ICT 使用			
ICU 使用	2013 ~ 2014		WEF GCR
创新			
创新	2013 ~ 2014		WEF GCR
军事实力（M）			
军费支出			
军费支出（美元）	2012 ~ 2013	2000	SIPRI
兵力			
总兵力	2013	2000	WDI
武器出口	2004 ~ 2013 总量	1994 ~ 2003 总量	WDI
武器进口	2004 ~ 2013 总量	1994 ~ 2003 总量	WDI
核能力			
核弹头数量	2014		SIPRI

注：数据来源中字母缩写注释见附表 2。①附表 1 和附表 2 中的缩写：WDI：世界银行的全球发展指数（http：//data. worldbank. org/）；WEF GCR：世界经济论坛的全球竞争力报告（http：//www. weforum. org/reports/）；SIPRI：斯德哥尔摩和平研究所的军费支出数据库和年度报告（http：//www. sipri. org/）；WGI：全球政府管理指数（www. govindicators. org）；WEF T&T Report：世界经济论坛旅游竞争力报告 2013（http：//www. weforum. org/reports/）；UNESCO UIS：联合国教科文组织统计数据库（http：//data. uis. unesco. org/）。

附表 2　软实力指标体系

指标名称	2012 年评价所用数据年份	2000 年评价所用数据年份	数据来源[①]
政府管理能力			
全球政府管理指数（WGI）	2013	2000	WGI
文化实力			
故事片数据	2011	2005	UNESCO UIS
世界自然遗产数量	2012	2012[②]	WEF T&T Report
世界文化遗产数量	2012	2012[②]	WEF T&T Report
国际会展数量	2012	2012[②]	WEF T&T Report
奥林匹克金牌数量	截至 2012	截至 2012[②]	games-encyclo. org
教育实力			
国际留学生数量	2008～2012	2000	UNESCO UIS
教育数量	2013～2014	2006～2007	WEF GCR
教育质量	2013～2014	2006～2007	WEF GCR

注：①同附表 1；②由于 2000 年数据缺失，使用的是 2012 年的数据。